循环

AI如何影响人类，人类如何应对AI

[美] 雅各布·沃德（Jacob Ward）著
毛 敏 译

THE LOOP

How Technology is Creating a World without Choices and How to Fight Back

中国出版集团
中译出版社

图书在版编目（CIP）数据

循环：AI 如何影响人类，人类如何应对 AI /（美）雅各布·沃德著；毛敏译．-- 北京：中译出版社，2024.3

书名原文：The Loop: How Technology is Creating a World without Choices and How to Fight Back

ISBN 978-7-5001-7685-5

Ⅰ．①循… Ⅱ．①雅… ②毛… Ⅲ．①人工智能－研究 Ⅳ．① TP18

中国国家版本馆 CIP 数据核字（2024）第 023974 号

著作权合同登记号：图字 01-2023-5554

循环：AI 如何影响人类，人类如何应对 AI

XUNHUAN: AI RUHE YINGXIANG RENLEI, RENLEI RUHE YINGDUI AI

著　　者：［美］雅各布·沃德（Jacob Ward）
译　　者：毛　敏
策划编辑：于　宇　田玉肖
责任编辑：于　宇
文字编辑：田玉肖
营销编辑：马　萱　钟筱童
出版发行：中译出版社

地　　址：北京市西城区新街口外大街 28 号 102 号楼 4 层
电　　话：（010）68002494（编辑部）
邮　　编：100088
电子邮箱：book@ctph.com.cn
网　　址：http://www.ctph.com.cn

印　　刷：固安华明印业有限公司
经　　销：新华书店
规　　格：710 mm × 1000 mm　1/16
印　　张：20.75
字　　数：214 千字
版　　次：2024 年 3 月第 1 版
印　　次：2024 年 3 月第 1 次

ISBN 978-7-5001-7685-5　　　　定价：79.00 元

中　译　出　版　社

献给我的妻子朱莉（Julie）

她拯救了我

献给我的孩子约瑟芬（Josephine）和朱尼珀（Juniper）

他们将拯救我们

在走向现代科学的路上，人类已经抛弃了意义。公式取代了概念，规则和概率取代了原因。

——**马克思 · 霍克海默，西奥多 · W. 阿多诺**

《启蒙辩证法》作者

目 录

第三部分

第三个循环：人工智能的影响

引　言

世代飞船

每当我们觉得生活在地球上的前景暗淡时，就忍不住打其他星球的主意。人类已经对地球进行了过度的开发，而且似乎难以团结一心拯救地球。既然如此，让我们去别的地方重新开始吧。那么另一颗适宜居住的星球离我们有多远呢？

星际科学家们认为光年并不能被理解成速度，即车子行驶速度那样的数值，那么就只能是像我这样的记者来大致推算人类要多久才能跨越这样的距离。请给我一点耐心。

我们当前的火箭技术可以推动飞船以每小时 2 万英里[①]左右的速度在太空飞行。火箭的速度对我们来说已经快得超乎想象了。在大气层中，这样的速度与周围空气的摩擦足以熔化我们所发明的任何物质，我们还没开始讨论要去哪里和到了之后准备建些什么，就已经被烧成灰烬了。但让我们将这个速度作为基准，因为

① 1 英里 = 1.609 344 公里。

在太空中，如果我们要在相隔遥远的行星之间穿行，这个速度显然是太慢了。

火星与地球轨道相邻，它是太阳系中除地球以外最适宜人类生存的星球。但其实这并不能说明什么。诚然，其他星球的环境更糟。以木星为例，火箭如果穿越木星表面 30 英里厚的云层，在大量易燃的氢气和氦气中，火箭发动机推力忽高忽低，然后火箭到达云层下方约 1.3 万英里处相同成分的液态层（这个液态层的存在让我们对这片有毒的液态海洋下面有些什么还一无所知）后，发动机就完全失灵了。宇航员们还没出飞船就会溺死（也可能会被烧死，这种情况在地球上是不可想象的）。

火星相对来说是比较宜居的。火星上有稳定的落脚点。在火星上度过美好的一天可能真的感觉不错。太阳高高挂在空中，气温大约是宜人的 68℉ ①，就像旧金山或约翰内斯堡八月的一个晴朗的下午。但如果你刚好晚上在火星极地下了飞船，气温可能会低于 –200℉，这个温度会让你立即被冻死，你的四肢会被冻得像易断的树枝一样，一锤子下去就能敲个粉碎。我们不要忘了就算是在火星上最舒适的区域，也没有可供呼吸的空气，所以即使是在最宜人的日子里，你也不能走远。在低重力环境中，你大概只能在飞船附近 50 码 ② 以内的范围活动，否则你就无法屏住呼吸，缺氧会让你迷失方向，不能回到飞船上吸氧。你会失去知觉，身体抽搐，心脏停止跳动，红色的灰尘慢慢飘落到你的尸体旁边。

---

① 华氏温度。摄氏度 =（华氏度 – 32）÷ 1.8。

② 1 码 = 0.914 4 米。

这就是科学家和记者都对系外行星如此感兴趣的原因，作为太阳系以外的行星，系外行星似乎有着适宜人类生存的大气层和表面。在过去几年里，现已退役的开普勒太空望远镜让人类产生了源源不断的乐观幻想。开普勒太空望远镜其实无法看清远太空的事物，系外行星过于遥远不能直接对其拍摄清晰图像，因此它会观测遥远恒星的光线经过行星旁时产生的弯折。根据恒星光线途经行星后产生的光线变化，天体物理学家不仅可以计算行星的大小，还可以计算它离光源多远，这意味着我们可以根据行星体积，以及行星与恒星的距离这两个值之间的关系，推测行星周围是否存在着某种大气层。

开普勒任务测量了大约 15 万颗恒星的光线，发现了数百颗行星，它们的大小与恒星距离之比使它们成为供人类呼吸和居住的候选行星——虽然只是候选行星，但确实有可能成真。想象一下我们登上这些行星，四处逛逛，就地取材建一个小屋！考虑到太空的广袤，最近的系外行星实际上还是相对较近的。

在我们开香槟庆祝并将积蓄投入 SpaceX 公司之前，让我们想想怎样才能去另一个星球。举例来说，前往火星的旅程相对较短。根据它和地球在轨道上的位置推算，这段旅程可能需要 300—400 天。但是人类从来没有在太空中飞行过这么长时间。目前登月之旅大约需要 72 小时，天体物理学家和医学专家私底下议论说，20 多名登月宇航员中没有一人在旅途中遇难简直是一个奇迹。而一次火星之旅会让宇航员们整整一年都暴露在远太空的危险中。危险简直数不胜数。在行星之间的黑暗中，致命数量的辐射渗透了一切。太空中充满了灰尘和沙砾，可能会使飞船瘫痪。（整个天体物理学领域都在研究星际介质，并指出，如果你像在高速公路上那样从飞船的窗户伸出一只戴着白手套的手，当你把手收回来时你就会发现手套已经沾上外面的东西变成了黑色。）另外想想看，如果一场灾难导致船毁人亡，全球人民在延迟的电视广播上看到这个痛苦过程之后，可能再也不想去火星了。

即使宇航员们一切顺利，在很长的一段时间里，他们也只能待在一个还没有度假公寓大的空间里。在疫情暴发的一年里，我们与家人、室友，或是自己一个人被困在家里，对于这种感受可以说深有体会。其实，在新冠病毒让我们体验了这种感觉之前，心理学家和后勤人员就已经对火星宇航员的身心健康感到忧虑，于是他们使用模拟的火星旅程和驻扎环境，观察了整个旅程待在狭小空间的宇航员的状态。观察到的结果并不乐观。这种模拟的沙丁鱼形状的环境，几乎给每个人带来了严重的创伤或疾病。多年以来，夏威夷岛一个军事基地的模拟火星栖息地进行了数次这样的试验，其中有一次，有个宇航员因为医疗原因不得不提前退出（试验组织者尚未透露原因）。为了从这次经历中吸取教训，其他宇航员们假装将退出的成员视为死者，并在模拟的火星冻土带上放置了一具假尸体，在那里它将被完美地保存起来，并被带回地球安葬。在最后一次夏威夷模拟试验中，一名宇航员被电线电击，地面护理人员不得不进入模拟区域，用救护车将这位宇航员带走，这对模拟试验产生了干扰。先不谈在火星上离群索居可能导致的身体问题，这些试验已经表明……人们会举止失常。这一试验项目的心理学家告诉《大西洋月刊》（*Atlantic*）："你可以选出一组完全符合要求的宇航员；但涉及人的事情，变量实在太多了，很难预测我们在各种情况下的表现。"

这还只是火星。从全宇宙的角度来看，火星就在我们隔壁。现在想象一下，我们试图到达最近的系外行星是多么荒谬的一件事情。

想象一下，我们一起站在美国国家航空航天局（NASA）位于奥兰多附近的卡纳维拉尔角的航空发射台上，凝望着星星。在我写这篇文章时，离地平线最近的星座是半人马座。半人马的前蹄是一颗明亮的星星。事实上，它是由三颗恒星组成的：半人马座α星A、半人马座α星B、半人马座α星C（比邻星），其中比邻星是三颗恒星中最暗的。在这里，用这个望远镜看。看到了吗？你可以将它们区分开来。但我们看不到围绕着幽暗的比邻星旋转的那颗行星。朋友，我希望我们能看到。因为那颗行星——比邻星b，是已知的离地球最近的系外行星。

我们不知道在比邻星b生活会是什么样子，甚至连这个地方长什么样都无从得知。也可能会有种种原因，让它并不适宜作为人类的栖居地。恒星风也许会将过多的辐射吹到它的表面，以至于我们还没有建好第一个庇护所就中毒了，而这些风可能会带走任何可呼吸的大气，这意味着我们必须生活在地下。另外还存在一种可能性，这颗行星围绕比邻星公转的方式也许会让行星的一侧永远面向太阳，这意味着行星的一半始终是白天，另一半则一直被黑暗笼罩。

但我们不要放弃希望。想象一下，这里十分宜居，有温暖的风、液态的海洋，还有各种奇异、生动的风景——岩石、植被、外星的雪。让我们去那里！

好消息是，比邻星 b 距离地球仅 4.2 光年。这意味着光（我们已知速度最快的东西，大约每秒 18.6 万英里）只需要 4.2 年就可以从地球传播到比邻星 b 风光奇异的海岸。对于光子来说，这是一次短途旅行。

坏消息是，对人类来说，这是一次漫长的旅行。我们无法以光速行进。我们的速度与光速相比有很大的差距。我们需要更长的时间才能到达那里。事实上，到达比邻星 b 需要耗费非常长的时间，地球上的人是无法到达比邻星 b 的。

如果我们登上一艘宇宙飞船，从大气层的外缘一直航行到比邻星 b，你我作为从数十亿人中筛选出的宇航员，有着健康而匀称的体格，我们登上了这艘船，在航程达到 1/100 之前就会死去。这是一段极其漫长的旅程，人类的寿命仅占旅程的一小部分。

我们性能最好的现代火箭的速度为每小时 2 万英里，换算一下，4.2 光年相当于超过 13 万年的太空旅行。

13 万年意味着，在人类呼吸到外星的空气之前，到达离我们最近的系外行星所花费的漫长时间里，我们自己、我们的孩子，以及他们的孩子都早已化作了尘土。

我们会像电影《2001 太空漫游》《异形》和《星际穿越》中的角色那样，在旅途中陷入昏迷吗？创伤外科医生们怀着同样的理念，尝试着让泰德·威廉姆斯（Ted Williams）的家人接受冷冻他的头部，为将来可能的移植手术做准备，目前他们正在试验使两个小时没有脉搏的半冷冻患者苏醒的手术。但目前的技术离冷冻人类还有很大的差距。使用目前的技术，在飞船到达之前，有900—1 300 代人将在前往比邻星 b 的途中度过。一代又一代。那么，我们将如何到达那里呢？答案是一艘世代飞船。

早期的火箭先驱、科幻作家和天体物理学家们曾把酒言欢，然后首次以不同形式提出了一个概括性的观点：让足够多的人登上一艘飞船，同时确保人类基因的多样性，那么我们和乘客们就可以像生活在一个村庄里一样，在此繁衍生息，我们去世之后，孩子们为我们哀悼，然后生育他们的子孙，就这样直到飞船离开地球引力几千年之后，这艘飞船上离开地球的人们的远系后代终于穿过大气层，抵达了我们的新家园。

我曾与一位进化生物学家共进晚餐，我问他为什么达尔文的理论认为人类心智的进化最难预测。他不假思索地说："这需要非常长的时间，我们没有能力想象进化所需的时间。"

在广阔的时间原野上，我们看不到进化的过程，这意味着，规划一艘宇宙飞船上持续的集体生活，在很大程度上超出了人类的能力范围。如果我提早想出了要给孩子们送什么生日礼物，我就会觉得自己值得嘉许。而规划一个环境，让我们的曾孙们与我同事们的曾孙们生存下来，并且幸福快乐地在此繁衍生息，则是一个完全不一样的问题。

考虑一下后勤问题：在第一箱布料烂掉、灰飞烟灭 1 000 年后，我们将如何制作新的衣服？还有营养问题：什么作物能种植

100 年，更不用说 10 万年？还有感情关系：人类的自然倾向是与像自己的人在一起，因此这艘飞船上的人会延续选择婚配的传统，摧毁后代的遗传多样性，并在几代之后让血统灭绝？（说到科幻电影，我曾写过半部剧本，讲述了这样的一艘船沦落为部落噩梦。我想对电影制片人说：在网上找到我很容易。来联系我。拍摄世代飞船的电影只需要搭一个景！）

再思考一下这个问题：大约 14 万年前，人类才开始在地球上迁徙。那时候，人类决定去别的地方谋求出路，他们有了更高层次的野心和好奇心，认为冒着一切风险离开非洲大陆，到别处寻找猎物和水源是值得的。从那时起，你在书里读到过的人类的成就开始陆续出现了，如语言、宗教、埃及、希腊和罗马帝国。我们成为“现代人”也就这么长时间。这意味着一艘世代飞船不仅仅是找到和训练一百个合适的人来繁衍一千代人的旅程。这是把人类整个历史复制到一只瓶子中，观察历史在这个密闭空间内将如何重演。

一艘世代飞船，是将现代生活中的社会学和心理学的挑战统统塞进一支微观试管，从中可以窥见人类生存百态——一代又一代。飞船上的最后一代人是否可以保持良好的状态，能够将这艘在飞行中反复重建的古老飞船安全降落在人类新家园？我们是否有可能在这样的时间维度上做计划呢？

第一次听到世代飞船的设想时，我觉得这简直是无稽之谈。但过去几年里，我与技术专家、学者和政策制定者们讨论了开发一些系统的潜在危险，这些系统可以重新设定我们现在和未来几代人的行为，我意识到世代飞船是真实存在的。我们现在就在飞船上。

在这个星球上——我们这一代人的飞船上，我们曾是乘客。但现在，我们在没有经过任何训练的情况下成为舵手。在这个星球上，我们占据的空间已经远远超出了自然的范畴。而现在，我们为了效率和利润，在重新设定地球、人类的模式。我们放松了对甲板上的系统的控制，这将会从根本上改变船上每个人的行为，这些改变将会传给后代子孙，而他们甚至可能还没有意识到自己做了什么。这种模式将会自我重复，并且一代又一代在行为和技术循环中持续下去。这就是本书的主题。

我为本书起名《循环》，但实际上，我想要阐述的循环有三个。让我们想象一下，一个小循环嵌套在第二个循环中，第二个循环嵌套在第三个循环中。如果想要清楚地看到每个循环，还需要检视其他循环。我将从最小的循环开始，它是我们做的一切事情的核心，它已经旋转了数万年，甚至数百万年。

最核心的循环是我们所沿袭下来的人类的行为，是进化赋予我们的天生的好恶倾向和依靠惯性生活的能力。这个循环无所不含，包括我们的种族偏见、准确判断风险能力的缺失，等等。这是本书的第一部分，因为要理解其他循环，还需要懂得它们是如何依赖于这个循环的。

一旦我们理解了这一点，我们就可以看看第二个循环。第二个循环是来自现代的力量，如消费类技术、资本主义、营销和政治，它们对核心循环的人类行为进行采样，然后再将这些模式反过来用在我们身上，最终引发了一系列问题，如烟瘾、赌瘾，以及房地产和机器学习领域的系统性种族主义等。

最外层的循环就是本书书名所指的循环。计算机会对古今人类的好恶倾向进行研究、采样，并将其输入自动模式识别系统，然后据此以一种细水长流的形式，将内容推送给我们，让我们更习惯于不假思索地接受。我为即将到来的这一切感到忧心忡忡。这个循环扼杀了我们的音乐审美，取而代之的是 Spotify 根据我们上周的歌单给出的推荐。这个循环对我们的政治倾向、社交喜好进行采样，在 Facebook（脸书）上将我们与合拍的人放在一起，这样我们就会形成强大的群体身份认同，并全身心融入群体中，以至于对群体以外的人毫无兴趣。这个循环会筛选所有可用的求职者，标记出具备本领域佼佼者特征的人，那么你作为招聘人员，可能一两天就能完成招聘，无须耗费几周时间，甚至你可以足不出户。在这个循环中，人们拥有的选择急剧减少，资本主义对效率的追求又加剧了这一趋势，那些让我们无意识接受信息的系统设定令人无法抗拒，人类主观能动性因此备受威胁。

这其实已经发生了，但真正的威胁还要随着时间的推移而显现。而最大、最持久的影响至少需要一代人的时间才会显露。不如这样想：我们被无意识的倾向引导着，但几乎不会觉察到这种倾向遭到了分析和利用。而以此为基础的模式识别和决策指导技术则让我们措手不及。在当前的社会中，我们的政策和规划缺乏长期的敏锐度，无法识别和控制那些决定着人类未来的事情。这就是本书的主题。

我希望在本书中阐明，我们所开发的那些会改变后代人类行为的技术，将给我们带来什么挑战。当今时代，依靠这些技术，我们的行为可能会变得更有效率、回报更高、更可控。我们可能会立即获得经济利益，或许在短时间内，我们可以免于做一些困难重重，或是令人生厌的工作。对于我在这里描述的每一个危险的例子，都有其复杂的益处。但是，我们能否用达尔文的眼光展望未来，看看是否存在这种可能：一代又一代人的选择越来越少，而且情况一路恶化？我们能否以某种方式预测它，并采取行动纠正它，即使这样做的回报要在我们自己，以及孩子们都已经离世之后才能显现出来？如果我们做不到这一点，我担心在一两代人的时间里，我们将演变成一个完全不同的物种，对于那些代替人类决策的技术，就算做出了错误选择，我们也无法凝神反抗，只能顺从无助地接受。

但我认为我们可以对抗这个循环。我们只需后退一步，勾勒出循环的轮廓，识别出存在于我们所有人身上的使循环成为可能的古老特性，再找到如今循环侵入我们生活的路径，然后消除它对我们未来的影响。

雅各布・沃德

2021 年 8 月

于加利福尼亚州奥克兰市

第一部分

第一个循环：世代沿袭的人类本能

第一章

意识与现实的鸿沟

珀茨尔现象

第一次世界大战刚结束的时候，奥地利神经学家、精神病学家奥托·珀茨尔（Otto Pötzl）开始对一位曾被子弹射穿脑袋的患者展开研究。

珀茨尔的父亲是维也纳的一名记者，所以珀茨尔也像记者一样，渴望找到具有代表性的人物，在此基础上撰写出轰动性的文章。当时医学还未进入循证医学时代，科学家可以仅凭单个案例推导出一套理论。而进入珀茨尔办公室的伤兵就是一个绝佳案例。这位名叫奥布祖特（Obszut）的士兵经历了第一次世界大战的大旋涡，他的100多万同胞因战斗而丧生，而他则受了一次重伤。他的大脑和眼睛没有受伤，但一颗子弹击穿了两者之间的连接，导致他双目失明。

当时的医学档案显示，辗转在维也纳各个诊所寻医问药的伤员们有着各种各样的认知和感知障碍，珀茨尔知道他们中的许多人都有着不寻常的感官体验。他们看到、听到、感觉到的事物失去了秩序和平衡。对我们大多数人来说视而不见、无关紧要的信息，比如余光瞥见的，或是融入某个场景背景中的信息，往往占据了这些可怜的战争幸存者们的视野，而他们又常常看不见房间内的主要物体。

这些患者多数伤情复杂，无法成为研究对象，而奥布祖特则是一个进行感知实验的完美对象。理论上，他完好的眼睛可以接收形成图像的光线。珀茨尔想知道，在眼睛与大脑的连接被切断的情况下，是否有图像进入奥布祖特的意识？当时，医生无须伦理委员会批准即可让病人参加研究，于是珀茨尔让这位热心的士兵进行了各种测试。

基于对奥布祖特的研究，珀茨尔于 1917 年发表了一篇论文，他在文中写道，奥布祖特自述具有高度敏感的周边视觉，同时几乎失去了视觉中心。奥布祖特有时甚至可以描绘出盲点的形状，那是一种飘浮在他与世界之间的黑色球体。奥布祖特还说，在他有限的周边视觉中，还存在着持续的双重视觉。但珀茨尔关注的问题是图像不同步地进入奥布祖特意识的方式。虽然奥布祖特通常无法有意识地看到摆在他面前的物体，但物体被移走后，其细节会出现在奥布祖特的记忆中，甚至在他看着其他物体时会出现在他的视野中。例如，珀茨尔把一束花放在他面前，花束中有一根芦笋，可怜的奥布祖特看不到芦笋。但是，花束被第二张图片替代后，奥布祖特残存的周边视觉捕捉到了这根芦笋，他描述了图片的一些细节，但前面飘浮着一根芦笋。[1] 视觉信息不知如何进入了奥布祖特的眼睛，而由于一颗子弹切断了眼睛和大脑之间的主要通路，它不知怎么地经由另一条神秘路径进入了他的大脑，经过这么长时间后到达了目的地，这段经历让人觉得像是幻觉。

珀茨尔将这一概念总结为“延迟的片段传递到意识中”——图像、声音和其他刺激不知何故在大脑中无序出现。信息零零碎碎地抵达奥布祖特的大脑，就像早上满载着通勤者的火车到达一个繁忙的火车站。

但也许像这种错开到达的信息并不是奥布祖特独有的缺陷。珀茨尔推测，奥布祖特的大脑受损并不是导致这些火车未能同步到达的原因。他猜测，我们都会接收到这样的信息，只是我们这些拥有完整、健康感知系统的人不必有意识地看着这些“通勤者”进入我们的意识。只有在他们经过了混乱的通勤，坐在办公桌前时，我们才能看到结果。珀茨尔开始相信，我们的大脑不会将工作过程中的混乱展示给我们，它只会在完成工作后直接给我们结论。

他开始围绕一个思路展开研究，即我们大脑中的某个系统会拦截所有接收到的刺激，然后为我们全部梳理好，这样我们就不会被信息淹没。他称之为抽象化过程，这让他产生了一个想法，即我们会在无意识的情况下接收和处理大量的信息。

很快，他需要的不仅仅是罕见的子弹击中大脑的幸存者。他需要健康的研究对象，他想找到大多数人在大脑未受损的情况下，展现出无意识接收刺激的时刻。他探寻的是他所谓的“揭示现象”（revealing phenomena），因此他开始研究梦。他认为梦里是我们重新体验自己在清醒生活中从未有意识感知到的刺激的地方。因此，他开始向受试者展示图像，图像仅仅闪现不足 10 毫秒，并要求他们第二天回来讲述自己的梦境。果不其然，过了一段时间，受试者们开始报告说，梦见了闪现图像的碎片。时至今日，研究人员仍然称之为“珀茨尔现象”（Pötzl phenomenon）。1917 年，他向维也纳精神分析学会提出了这一观点，甚至连以厌恶实验室实验闻名的西格蒙德·弗洛伊德（Sigmund Freud）也对此印象深刻。弗洛伊德写道：“珀茨尔实验提出的问题远远超出了梦的解释范围。”[2]

确实如此。

在我继续着墨介绍这项研究前，我必须指出，珀茨尔似乎在 1930—1933 年作为成员缴纳了纳粹党费；1941—1944 年，他在奥地利第二次正式加入纳粹党；1945 年战争结束，他被指控没有公开反对杀害斯坦霍夫精神病院约 1.4 万名患者，因而被免除了在维也纳大学的职位。弗洛伊德称珀茨尔是一个“难以定论的人物”，尤其是考虑到珀茨尔可能参与了针对数千人的强制绝育手术。[3]

但至少有一位犹太同事声援珀茨尔。他的门生、精神病医生、神经科先驱维克多·弗兰克尔（Viktor Frankl）是一名集中营幸存者，大屠杀期间他曾先后被短暂地关在几个劳动和死亡集中营。他后来写道，他认为珀茨尔基本上站在了历史正确一边。弗兰克尔在自传中说：“珀茨尔博士作为纳粹党员，他的衣领上别着纳粹党徽，但他远非反犹太主义者。不仅如此，他还帮助我们阻拦了纳粹对精神病患者实施安乐死的命令。”[4]

因此，珀茨尔充其量只是一个有着争议的人，他做了开创性的研究，后来又在某种程度上参与了纳粹在整个欧洲犯下的恐怖罪行。他在维也纳度过了余生，于 1962 年 4 月 3 日去世。他的实验工作对几代研究人员产生了深远的影响。

视觉、听觉与大脑记忆

本书的开头描写了珀茨尔这位备受尊敬但道德上可能有些争议的科学家，其原因在于，我从他和命运多舛的患者奥布祖特之间的怪异关系中，窥见了一个形成时刻：历经成千上万次的实验，为当今一项普遍认知——所谓的事实，只是我们的大脑利用浩瀚如烟的原始感官信息拼凑出的最简单的故事——的形成进行了首次不成熟的探索。值得一提的是，这一认知发现于那个充斥着恐惧和迫害的时期，这也恰到好处地提醒我们，我们的道德基础通常是不稳固的。在科技领域取得了突破性成果的人往往很少或根本不会审视其途径是否道德，会对未来构成什么威胁。我想象着珀茨尔慌忙不迭地记录奥布祖特告诉他的一切——这位士兵的眼睛不知怎么地捕捉到了图像，将其输入与之没有任何理解通路的大脑，在这个特权阶层可以实施大规模暴行的国家，研究者的研究不像如今一样需要接受学校的伦理审查——我发现科研和伦理的矛盾开始塑造我们的社会。

如今，珀茨尔参与创建的学科应用广泛，有人称之为决策科学，也有人认为它是一种启发法。不过其中最重要的发现是，我们相信大脑告诉我们的故事，是因为我们确信这是唯一的故事。在这本书里，我希望阐明的是，我们制造机器、开发系统，用来组织、简化、修改我们意识中的故事，而我们也很容易相信新的故事。

自 20 世纪 50 年代以来，科学家们开始回顾珀茨尔的观点，研究人员一直试图弄清我们实际感知到了多少事实。他们发现，我们通过感官所观察到的无穷无尽的现象——桌子上冒着泡的啤酒和求职申请，窗外月亮轮转，远处情人的吵架声和吹过窗帘的煦风——都被打破、重新梳理和改写，大脑能以最高的效率理解每个场景。这个领域有大量经典的科学发现，这里只列举了几个例子。

让我们从视觉开始。视觉相关研究表明，我们认为自己看到的信息——未经筛选的物体、人物、事件——实际上包含各种各样的信息，有些是我们感知到的，有些会存入记忆中，而我们尚未完全探明我们感知所有这些信息的方式。

1992 年，两位认知神经科学家梅尔・古德尔（Mel Goodale）和戴维・米尔纳（David Milner）合著了一篇论文，试图定义这一概念，该论文具有突破性意义。文章指出，我们有两种不同的方式观察眼前的物体：一种是有意识地感知物体并做出判断，另一种是引导我们迅速对该物体做出行动。简单来说就是："视觉引导感知，视觉引导行动。"他们在发表于一本英国心理学期刊的文章中写道，这种"双流假说"（two-streams hypothesis）常常使他们成为聚会中不受欢迎的人。他们写道："我们的观点中最让人难以接受的是，我们有意识地看到的东西，并不会直接主导我们由视觉引导的行为。这个观念似乎与常识背道而驰。"[5] 我们的行为是自愿的，因此必然是受我们的意志直接控制的，是这样吗？

事实并非如此。古德尔和米尔纳在精心设计的实验室实验中发现，我们的感知并非由意志直接控制。他们给受试者看了幻象，受试者们自述看到的东西和他们的手部动作常常迥然不同。举例来说，你还记得游乐园里看到的错觉吗？一张凹刻在墙上的人脸，看起来仿佛是凸起来的一样？而且你走过的时候，这张脸好像跟着你转动？古德尔和米尔纳给受试者看“凹脸”幻象时，人的意识常常会被欺骗，以为自己走过后，雕塑也会转头看自己。（我记得小时候在鬼屋，这个东西吓得我魂飞魄散。）但他们让同一个受试者从这张脸上拂去一个像虫子的目标物时，受试者的手伸进了欺骗了眼睛的凹脸内部，穿过了意识看到的脸的边界，然后精准地拂去了虫子。研究人员将之描述为“两套平行视觉体系——每一套都构建了自己的现实版本”。

除了视觉以外，人类的其他感觉也是在大脑中被无意识地接收和组合的。人类具有实体感觉的天赋，也就是仅靠触摸来辨别物体的能力，这一天赋让我们拥有了异常灵巧的双手。不过，对于纹理、重量和其他信息的处理似乎都集中在脑部顶叶，与大脑控制双手的部分距离甚远。这就是为什么阿尔茨海默病（一种影响大脑顶叶的疾病）患者的实体感觉会逐渐衰退，而患有其他形式的痴呆症的患者仍保留着这种能力。你的指尖并不会直接感知到现实。大脑将你触摸到的东西组合起来，用它的想象进行演绎。

听觉不仅是识别声音和定位声源的手段，它似乎还与其他思维任务有关，比如让你的大脑以正确的顺序记忆事物。研究人员称之为“听觉支架”（auditory scaffolding）：听觉有助于长串单词或数字的习得和记忆。针对失聪儿童的研究发现，尽管他们的其他感官都完好无损，而且发育正常，但在排序能力测试中，他们落后于听力正常的儿童，即便是那种简单的测试，如按照规定的顺序叩手指。我们并不是有意识地听到世界的原始声音。大脑利用听觉的某些功能来合成自己的声音。

因此，如果人类的感知不是简单地看到、触摸到或听到真实世界的事物，那么在大脑将这些事物呈现给我们之前，它都做了哪些后期工作呢？也许记忆也在其中起了作用。神经科学家大卫·伊格曼（David Eagleman）花了十年时间对人类感知到的时间长短进行实验。伊格曼的一个实验大概会让珀茨尔吃惊地喷出口中的茶。

伊格曼和他的研究生切斯·斯特森（Chess Stetson）致力于寻找一种方法来测试一个常见的说法，即在短暂而危急的事件中时间会“减慢”。我二十多岁的时候，有一次正骑着自行车下山，这时我旁边的汽车突然横穿马路驶进一个停车位。我的自行车撞上了汽车转过来的前轮，自行车骤然停下，我飞了出去，撞到了汽车引擎盖，从上面滑下来。我清楚地记得飞到空中时与自己进行了一次完整的交谈：“你没有医疗保险！你辞职后还没有寄出 COBRA 申请表！”

“我确实寄出去了。我记得上周在上面盖了章寄出去了。”

“哦，是的，你是对的，这是个好消息，因为你看起来要受重伤了。”然后我重重地跌到了柏油路上，滑出了几英尺[①]，还摔断

① 1 英尺 = 0.304 8 米。

了手腕。我记得我坐起来，一身血腥，茫然地看着弯曲的自行车。这一切感觉就像我的大脑为了我而左右了时间的流动。

伊格曼和斯特森致力于研究大脑是否真的让时间减慢了。神经科学家已经证实，如果大脑在相隔不到 100 毫秒的时间内接收到两幅图像，就会将它们融合在一起，那么我们只会看到一幅图像。所以伊格曼和斯特森制作了一款巨大的手表，它会显示随机数字，数字之间相隔不到 100 毫秒，这个速度刚好快到受试者无法有意识地看到它们。首先，在实验室环境中给受试者看数字。他们说看不到数字，只看到模糊的影子。然后伊格曼和斯特森把这些人从起重机上扔了下来。

真的，他们让受试者们戴着头盔和大手表，把他们带到过山车顶部，系上缆绳，然后把他们从十五层楼高的地方放下去，最后掉到一张网上。

伊格曼在 2009 年的一篇文章中总结了他的发现。[6]

> 结果如何？受试者在自由落体时阅读数字的能力并不比在实验室时强。这并不是因为他们闭上了眼睛或没有注意到（我们对此进行了监控），而是因为他们毕竟无法以慢动作（或是像《黑客帝国》中的尼奥使用绝招“子弹时间”那样）来观察时间。尽管如此，他们对逝去时间本身的感知受到了很大影响。我们要求他们用秒表回顾性地再现他们跌落的持续时间。（“在脑海中重现你的自由落体过程。你感觉自己被放下时按下秒表，然后

感觉自己落到绳网上时再按下它。”）实验结果与坊间说法一致，他们对自己落体的时间估算平均比对其他人自由落体时间的估算要多出三分之一。

我们如何解读自由落体的受试者估算的时间长于实际时间，而他们在自由落体时的视觉辨别能力并没有提升？答案是时间和记忆密切相关。

大脑的无意识机制

我们大脑的速记功能，确切地说是记忆功能，在紧急情况下常常会把事件的经过详细记录下来，大脑的杏仁核参与其中，帮助我们描绘出更丰富、更完整的瞬间记忆。伊格曼写道：“在危急的情况下，你的大脑可能会以一种让记忆更好地‘黏住’的方式来储存记忆。回放记忆时，信息密度越高，我们感知到的事件持续时间就越长。”他推测，这可能就是为什么随着年龄的增长，时间似乎会加快。对孩子来说，每次乘坐公交车都是一次新的体验，因此大脑会精心存储这些记忆，包含很多细节。随着我们年龄的增长，大脑会说：“是的，是的，一辆公共汽车，我知道这辆车是怎么走的。”大脑会以一种更草率的方式将记忆记录下来。

我们对世界的经历，如车祸、视错觉、与陌生人握手，对我们来说都是真实存在的，人类的经历是如此一致，以至于我们可以相互讲述经历，并确信已经准确地复述了这些时刻。但我们的主要共同点是拥有自主感知系统，它为我们整合现实。而这个媒介层是一片沃土，本书将要描述的那股力量即植根于此。为什么呢？因为正如我们已经读到，并将在接下来的几章中继续读到的，人类大脑天生会接受它所听到的，当它听到的内容符合我们的期望，并为我们节省了烦琐的脑力劳动时尤其如此。

现在让我们回想一下珀茨尔把芦笋放在奥布祖特面前的那个实验。当时，珀茨尔只知道大脑的某个媒介层负责处理这位士兵的输入感知。一个多世纪过去了，现在的研究人员分析了类似的病人和损伤，他们发现我们的大脑不是封闭系统。大脑不仅会无意识地收集我们周围的景象和声音，还会吸收情绪并在我们无意识的情况下传递情绪。

我在纽约拍摄纪录片时遇到了比阿特丽斯·德·格尔德（Beatrice de Gelder）。她在美国和荷兰两地居住，她是荷兰蒂尔堡大学的认知神经学教授，在那里负责一个实验室。德·格尔德此前从事哲学研究，后来又开启了第二事业，致力于大脑相关研究。她还负责备受推崇的杂志《情感科学前沿》（*Frontiers in Emotion Science*）的编辑工作。然而她说，她的研究工作主要是为了证实强大的无意识机制在我们毫不知情的情况下将视觉信息搬入我们的大脑，但她所做的研究并未受到主流学术界认可。

20 世纪 90 年代末，她开始针对视觉不仅仅是我们有意识地看到的东西这一观点展开研究，当时遭到了强烈的抵制。她用略带口音但十分流利的英语解释道：“在人类视觉研究中，人们倾向于关注与意识相关的视觉路径。我的意思是，这就是人们一直在研究的东西。只有少数人研究过其他东西。”

德·格尔德知道，20 世纪初，像珀茨尔这样的研究人员可以选择理想的患者来研究现在所谓的皮质盲（cortical blindness）。她告诉我，第一次世界大战后，“枪伤使一些年轻人丧失了特定功能，这些年轻人成为非常完美的研究病例”。在现代世界，研究人员希望观察盲人来研究视力，但往往很难找到完美的研究对象，因为车祸或中风之类的情况不仅会切断视觉皮层，也会对身体带来各种各样的连带伤害，这会给研究人员造成干扰。

德·格尔德的工作之所以可行，是因为她发现了一类盲人，他们眼盲的形式非常独特而且可以测量：他们的视觉皮层受到了损伤，就像枪伤造成的一样。这些人的失明通常是由轻微的中风造成的。但和奥布祖特一样，他们的眼睛和大脑完好无损。唯一缺失的是眼睛和大脑的连接部分。

在 1999 年的一篇论文[7]中，德·格尔德描述了对一位代号为 GY 的患者（为保护患者隐私使用了代号）进行的研究，她先是尝试了几次与腹语有关的实验，但一无所获。考虑到“这些病人很宝贵，而且你给他们支付很高的时薪”，于是她和实验室助理开始换一种实验方式以充分利用这一天。她将快乐和恐惧的脸直接放进 GY 的盲点，让他猜测这些脸表达了什么情绪。GY 猜对的概率约为 75%，远远高于巧合。德·格尔德想知道他是否真的以某种无意识的方式看到了这些情绪，这种信息是从断连的视觉皮层以外的路径从眼睛传到大脑的，就像奥布祖特看到芦笋那样。

这次实验让德·格尔德开始寻找其他经历过她称之为“盲视”（眼睛和大脑正常运作，但功能彼此分离）的人，最终她找到一名代号为 TN 的患者展开了研究。随着一天的实验结束，德·格尔德和她的研究生们决定在他们院系的走廊里设置一条障碍路线，并要求 TN 将手杖交给他们，然后一直往前走，但没有告诉他可能会碰到垃圾桶、凳子等各种障碍物。TN 犹豫了一下，也许感觉到他们隐瞒了什么，他要求他们保证不会让他受伤。他们告诉他不会有事的，他们还没回过神来，TN 就已经转过身，绕开各种障碍物穿过了混乱的走廊，没有碰到任何东西。德·格尔德告诉我，这是一件不可思议的事情。TN 走到第一个障碍物前，他停下来绕了过去，然后遇到了另一个障碍物，他就这样绕来绕去，避开了走廊里的所有障碍物。

他步履矫健，轻松地走到了走廊的尽头，除了他的妻子，每个人都惊呆了。TN 的妻子平静地转过头告诉德·格尔德这很正常。她解释道，他常常在房子里四处走动，毫不费力。

研究人员围着这名男子，问他是如何做到的。他反问道："做到什么？"他并不知道自己避开了所有的障碍物。对他来说，他就是沿着走廊往前走。

这项研究的惊人之处在于，它表明 TN 虽然缺乏视觉皮层来处理信息，但他仍然在某种程度上获得了关于障碍物的视觉信息，这意味着信息是通过其他未被发现的途径传送的，而且大脑可能还有一些无意识的处理过程在收集信息，并向该男子的运动功能发出指令，让他在无意识的情况下绕过障碍物。德·格尔德回忆道："我们非常非常激动，于是让他又重复了一次。"这次他们拍摄了视频，"我们从未想过他能做到这一切，不然我们从一开始就会拍摄视频。"

这段视频记录的是一个奇迹，非常值得一看：一名研究人员扶着 TN 的肩膀，带着他往正确的方向行走，然后他放开了 TN，TN 走到杂乱无章的废纸篓和椅子前，像正常人一样绕行过去。遇到障碍物时，他会停下来绕行，有必要的时候他还会侧身滑过去，就像一个可以看到面前东西的人。

很快，德·格尔德就开始研究像 TN 这样的盲人在无意识的情况下还能看到什么东西，于是她又回到了情绪实验上。在一项实验中，研究人员向受试者展示了情绪激动的人脸图片，这些面孔表达了明显的愤怒、悲伤或微笑。尽管受试者（可能有些恼怒地）告诉德·格尔德和她的学生，他们只看到了一个空白屏幕（他们内心有些生气地在说："因为我是个瞎子！"），但贴在他们脸上的电极却检测到了微肌肉活动：他们面部表情的电信号表现出了同样的情绪。换句话说，他们的脸无意识地反映了他们无法有意识地看到的表情。微笑引发了微笑。皱眉引发了皱眉。人类的进化似乎给了我们第二条无意识的途径来观察情绪。不仅如此，它还以某种方式赐予我们一种天赋，即我们可以自动将情绪传递给我们的同胞。

德·格尔德的发现仍存在争议。正如她所说："主流视觉科学领域的研究人员并不研究情绪。"但自从 1999 年发表记录 GY 的情绪猜测能力的论文以来，她已经获得了更多的认可。她认为："情况正在迅速变化，特别是在过去 10 年里。但情绪相关研究课题依然没有获得广泛认可。"

尽管如此，德·格尔德仍相信存在一套包含手势、面部表情和动作的完整语言体系，使得所有人都在不知不觉中用它进行视觉交流。她曾说："对别人目光的敏感度是很重要的一环。"她的测试证实人类能够无意识地、即时地将与人眼神交流中断的时刻和方向记录下来。哪怕是再微小的移动，我们的大脑也能感知到。为什么我们有这样的天赋去捕捉别人的目光？她解释道："偏离的视线告诉你目光应该投向哪里。如果你对比一下自己感知别人视线偏离与经对方提醒后改变注视方向这两者的速度，就会发现前者非常节省时间。"

德·格尔德认为，这种现象清楚地体现了进化的逻辑。她告诉我："大脑几乎控制着我们所做的一切，对吧？觅食、保暖、寻找住所、远离伤害，所有这些都需要消耗大脑算力。"如果大脑能从外界获取无意识的线索并采取行动而不必打扰你的意识，从而节省时间和精力，那就更好了。她又说："这比全凭你自己研究要更加省力、可靠。如果你相信自己读出的别人脸上的恐惧表情，那么你只需要花费较少的时间就可以决定下一步动作，而且判断的依据也更加可靠。"

德·格尔德和其他许多学者的研究显示，有越来越多的证据表明我们能够无意识地接受、处理、传递生活和情绪信息。我们最终获得的是大脑描绘的现实——一个由大脑组织的，甚至可能与其他人共享的故事。实际上，我们有意识的大脑体验到的人生是"二手"的。

无意识习惯

各个领域现在都在研究这一现象，即我们感知到正在发生的事情和实际上正在发生的事情之间的心理差距。专家们已经懂得了如何测量这种差距。他们已经开始发现我们在其中做决策时所遵循的模式。在这个过程中，他们还发现现代社会在很大程度上是由伴随我们一生的无意识习惯塑造的。

大脑的效率与经济性，也就是它为我们包装世界，以及看似与其他人沟通的方式，越来越多地表明我们在生活中遵循着一种无形的指导模式，而我们却相信自己在独立做出决定。这些系统可能在人类物种以现代形式存在的时候就一直在引导我们从一个地方到另一个地方，如果科学才刚刚开始破译这些系统，这也表明我们根本没有真正地意识到我们有多么容易陷入我们无法控制的模式，或者外部影响可能正在对我们施加不可抗拒的控制。如果我们要给那些对我们在生活中选择做什么有最大无意识影响的力量进行排序，我们就不知道从何开始。然而，正如德·格尔德的研究所表明的那样，在我们的一生中，我们体内有一个完整的装置，它负责接收这些影响，对其进行排序，然后做出反应。所有这些都为利用甚至操纵人类行为提供了一个巨大的机会。

为什么要操纵人类行为？因为这类研究成果不仅仅可以应用在医学和学术领域，用来缩小意识与现实的差距。虽然无意识的选择作为一个科学研究领域仍处于初始阶段，但这并没有让试图借此操控人类的人知难而退。在科学领域之外的人，尤其是商界和政界人士，已经意识到人类拥有一个可以帮助他们做出选择的“代码”。越来越多的企业和政界人士试图利用这一“代码”来改变我们的行为。虽然这类研究刚刚萌芽，还相当初级，但现在全世界顶尖大学都有关于如何利用相关研究成果来说服客户和左右选民的整套课程，我们将在接下来的章节对此进行阐述。

现在我们已经看到了无意识的大脑对我们生活的影响有多大，接下来让我们更深入地看看它们是如何指导我们的行为的。因为如果我们不熟悉大脑的机制，当对我们虎视眈眈的人向我们发起攻击时，我们不仅无力反抗，还会对其影响毫无感知。我们将被困在一个无尽的、杂乱无章的走廊里，就像 TN 穿过的那个走廊一样，被裹挟在无意识的进程中，茫然无措地绕来绕去。

第二章

错觉

对于一本探讨先进技术影响的书来说，似乎应该将大部分篇幅集中在技术本身，如发明者、发展方向。这些内容在本书中都会讲到，但如果想要深刻认识到技术所带来的威胁，我们需要充分理解这项技术背后的科学含义。促使我动笔写这本书的原因并不是技术本身，而是突破性的科学研究成果揭示了人类不由自主的习惯。技术将我们的无意识倾向作为控制面，塑造我们的生活。于我而言，我越来越了解到当我们发现自己也具有这些倾向时所产生的厌恶心理，以及商业和文化势力企图说服我们，让我们以为是在做独立选择，而实际上并非如此时，威胁就越发突出。

充分了解我们自己，是理解循环所带来威胁的第一步。第一个循环是第二个、第三个循环的基础。因此，本书接下来的几个章节将会介绍一系列无意识倾向，即我们毫无察觉的内在机制，以及科学界为了识别和量化它们所做出的努力。只有这样，我们才能理解即将到来的一切是多么来势汹汹。

卡尼曼与特沃斯基：无意识的人类偏好

发表的论文代表了科学的流行。一位（或一组）科学家提出一个假设，并且给出证据支持这个假设，其他科学家会对此进行评判，作为“同行评议”的一个环节，然后杂志再将修订后的研究成果公之于众。接下来如果一切进展顺利，其他科学家会试着做同样的实验，并发表同样的结论来证实这些发现。无论这样做公平与否，对科学家成就的评价常常是基于其发表成果的总数量。因此，虽然世界日新月异，但科学前进的步伐依旧非常缓慢。科学家们常常会就一项发现彼此争论多年，而这项发现也会成为整个行业的基石。

如今，科学家们发表论文的数量约为每年 250 万篇。每位科学家想必都希望自己的论文产生一定的影响力。但实际上只有极少数人可以做到。

1971—1979 年，心理学家丹尼尔·卡尼曼（Daniel Kahneman）和阿莫斯·特沃斯基（Amos Tversky）合著了 7 篇论文。每一篇都具有划时代的意义。他们的研究内容仍然在以科学发现的速度被验证和复测，但他们的研究成果已经成为行为指导领域的基石。他们之间的合作极其紧密，而且相互补充。他们发现了一系列普遍存在的偏见，即无意识的人类偏好，这些偏好在人们承受压力和面对不确定性的时候会表现出来，往往会造成怪异和非理性的决定。丹尼尔·卡尼曼和阿莫斯·特沃斯基花了很长时间证明人类深受这些偏见困扰。

他们让不知情的受试者完成了各种逻辑谜题、赌博命题和猜谜游戏，由此发现了常见启发法的边界，或者说人们做决定时遵循的规则。他们合著的论文颠覆了数十年以来的心理学、经济学理论。在一篇名为《不确定状况下的判断：启发法和偏差》（*Judgment Under Uncertainty：Heuristics and Biases*）的论文中，他们列出了十几种系统性偏差以及三种启发法，分别为代表性启发法、可得性启发法和锚定启发法，构成了人类怪异行为的三个方面。在这篇论文发表后，科学家们进行了长达几十年的研究，至今仍在重塑人类对自己的理解。

1974 年论文中的三种启发法看似平淡无奇，文中所描述的行为稀松平常，以至于你会觉得给这些行为一一命名并进行分析研究简直愚不可及。可是只要我们稍微了解，就可以感受到这些理论是多么的精妙和强大。

首先，他们描述了代表性启发法。这是人类的一种倾向，即如果某事物具有某些特质，让人联想到了某一类别的事物，人们则认为它一定属于该类别。这个概念非常简单，但不管是过去还是现在，它都具有极其重大的意义。卡尼曼和特沃斯基设计了一系列具有欺骗性的测试，引导受试者们展示出他们对某些类别的人、物体和事件的看法。例如，他们要求学生猜测史蒂夫（Steve）这位腼腆又爱干净的人是农民、推销员、飞行员、图书管理员还是医生。在受试者给出的回答中，图书管理员常常得票最高。

他们写道：“这种概率判断方法会导致严重的误判，因为相似性或代表性不受影响概率判断的因素的影响。”人们根本就没有理性地对史蒂夫可能的职业进行排名。实际上，农民的数量比图书管理员多得多，但他的个人特质让他们联想到了图书管理员（其实是错误的，因为图书管理员大部分时间都在与公众打交道），受试者们因此对史蒂夫的生活做出了大胆的假设。

卡尼曼和特沃斯基在论文中接着描述了我们是多么容易掉入代表性的陷阱，这意味着我们常常会在概率的本质、样本量大小的影响、消息是否可靠、某些事情是否可以预测等方面做出错误判断。这从根本上动摇了我们作为理性物种的自我认知。这还仅仅是论文的第 4 页。

其次，他们探讨了可得性启发法，即“人们根据想起某个事件的容易程度来评估某类或某一事件的发生概率”。我们想起某件事情的容易程度改变了我们心目中该事件的普遍程度。为什么这会成为一个问题？他们认为，“可得性”，也就是我们联想到某个案例的容易程度，“会受到频率和概率以外的因素影响”。这是另一个看似简单的观察结果，同样具有重大意义。某一事件在脑海中挥之不去，并不意味着它很常见。比方说，我正在计划度假，但我刚刚在我居住的城市目睹了一场酒店火灾。我可能会判定酒店太容易着火，这次我将不会住酒店。我们总是根据感知到的概率做出这种决定，风险非常可怕时尤其如此，比如火灾风险。但事实证明，我们对概率进行了误判。卡尼曼和特沃斯基指出，亲眼看到火灾相比在报纸上读到火灾，会让人们感觉火灾发生的可能性更大，但看到火焰从破碎的窗户蹿至屋顶对情绪的影响实际上并不会改变火灾发生的频率。它只是将火灾的情形植入大脑，并影响了我们做出的相关选择。还有什么因素将我们的“记忆棒”塑造成这样？有些东西更容易记住，比如熟悉的目的地名称，而不是你无法本能拼写出来的陌生名称。我们专注于那些容易想象到的假设情景（比如错过一班飞机、忘记带夹克）。我们把完全不相关的事情串联起来，却以为它们是有联系的，比如忘了雨伞，结果整个周末都在下雨。在我们看来，所有这些似乎都是一系列关于概率、风险和回报的合理假设。但很多都是错觉。我们记忆中某些事件和因素的可得性使它们跃入脑海，并让我们感觉它们发生的可能性要高于实际情况。

最后，他们介绍了锚定启发法。这一点在很大程度上是机械的——我们常常被一块错位的地毯绊倒——因此至少在我看来，我们很难接受自己会被错位的幻想蒙蔽的事实。也许就像我不喜欢别人在我自己不知道的情况下告诉我，我的面部在抽搐。但事实是：锚定是一种简单的倾向，即“从初始值开始进行估计，然后进行调整以得出最终答案”。我们锁定一个最初的想法，通常是随机的，然后在前进中调整。问题是，一旦我们锁定了，我们就无法充分调整，即使有大量证据证明我们错了。

卡尼曼和特沃斯基用来验证锚定启发法理论的实验就像在小酒吧下注一样，如果回答正确，就可以赢得一轮免费饮料。卡尼曼或特沃斯基会要求受试者估计非洲国家在联合国所占席位的比例，基于的假设是 1974 年只有极少数西方受试者知道正确答案（当时大约为 25%）。但首先，他们的想法是看看实验是否能让受试者先锁定一个随机数，于是他们给了受试者一个幸运轮那样的转盘，转动它就会随机显示 0—100 的数字。荒谬的是，在看了一个他们明知是随机的数字后，他们应要求猜一个他们不知道的数字，而他们的思维却锁定在随机数字上：看到了较大数字的人往往估计较多非洲国家在联合国拥有席位，而看到较小数字的受试者估计出较小的数字。即使受试者回答正确能获得报酬——要慢慢来！好好想想！——锚定偏差却没有消失。

卡尼曼和特沃斯基指出，要想让这个小把戏发挥作用，必须把它建立在受试者缺乏必要的信息或计算资源，从而无法做出明智选择的前提下。换言之，他们只能靠猜测，同时还承受着压力。人们在承受压力的情况下也会犯同样的系统性错误。他们认定了看到的第一个数字，尽管没有足够的信息，但他们还是对自己的估测表现出了超乎寻常的信心。就我们的目的而言，重要的是要认识到，当被问到一个关于国家地位的半技术性问题的受试者们看着一个数字转盘时，换句话说，当他们面对一个他们不懂的系统时，他们受到了直接影响，并且在没有弄懂的情况下就做出了选择。在本书中，我们将一次又一次地看到同样的倾向。

这篇论文似乎是为了让我们确信它所描述的令人难堪的倾向的效用，论文中解释了，虽然这些启发法让我们产生了感到震惊的认知弱点，但同时它们也是非常有用的。它们是快速但又不太恰当的捷径，人类据此做出高效决策，这曾是我们的祖先得以存活下来的原因之一。人类不必关注环境中的每一个细节，这种高效的思维机制，比如迅速对彼此做出判断、回忆重要的事情、猜测数字，为我们在选择盟友、评估风险和寻找食物方面节省了宝贵的时间。但这些捷径显然也是危险的。他们写道："这些启发法虽然省时省力，通常也是有效的，但会导致系统性、可预测的错误。"

卡尼曼和特沃斯基已经发现了我们用来处理复杂问题的三种简便方法，但他们也知道这三种启发法对我们在当今时代做出正确选择的能力构成了切实的威胁。代表性、可得性和锚定性启发法会让我们倾向于相信我们听到的最熟悉、最难忘、最新的故事。正如他们在 1973 年的一篇论文中所写的："令人信服的场景可能会限制思考。"

他们的研究成果是一个重要的发现。这些用数据描绘的研究成果经受住了时间的考验，这是对其科学价值的关键考验。（在 1995 年的一项可复制性研究中，测出的锚定效应甚至比他们的最初实验结果更为显著，当时人们认为心理学中其他领域的研究都是垃圾科学。）他们的观点极具开创性，后来又涌现出很多相关的研究成果。

菲施霍夫：潜入性决定论

与卡尼曼和特沃斯基共事的研究生们感到了需要做出成果的巨大压力。心理学家巴鲁克·菲施霍夫（Baruch Fischhoff）是这些学生中的一员，他在其研究领域的一段简短经历中写道："参加项目的研究生面临的挑战是找到一种新的启发法，作为自己的研究成果，或者找到一种方法来阐述三大'经典'中的一个。"

菲施霍夫是土生土长的底特律人，大学毕业后搬到了以色列的一个集体农场生活，他原本打算在农场度过一生。不过他告诉我："我妻子比我理智。她再也无法忍受这样的生活。"作为数学系的毕业生，菲施霍夫选择了心理学，因为学生们必须选修几门其他专业的课程，而且他当时从下午 4 点到午夜在大湖巷（Great Lake Lanes）的保龄球馆上夜班，心理学系的课程安排与他的日程比较契合。当他决定做一位已婚学者，而不是离婚农民时，他独特的数学和心理学背景让他得以就读耶路撒冷希伯来大学，在阿莫斯·特沃斯基的指导下攻读博士学位。

菲施霍夫回忆道："那段时间我非常努力，我读了很多史书，对政治也很感兴趣，我一直在思考关于后见之明的问题。"明尼苏达大学心理学教授保罗·梅尔（Paul Meehl）在 1973 年刚刚发表了一篇名为《为什么我不参加案例讨论会议》（*Why I Do Not Attend Case Conferences*）的论文，对专家们在学术会议上无休止的争论和闲谈、完全罔顾会议主题的风气提出了 12 点批评意见。菲施霍夫说："那时我想我可以从保罗教授的观点中汲取灵感，做出一些研究成果。然后，我做了一些实验，实验的结论经受住了时间的考验，这简直令人难以置信。"

菲施霍夫的理论则集中在另一个系统性错误：后见之明偏见。在他的论文《后见之明≠前瞻性：在不确定性状况下，已知结果如何影响判断》（*Hindsight ≠ Foresight: The Effect of Outcome Knowledge on Judgment Under Uncertainty*）中，菲施霍夫创造了"潜入性决定论"（creeping determinism）一词，他将其描述为"将已发生的结果视为相对不可避免的趋势"。

在这项研究中，当菲施霍夫向受试者们描述了一些历史事件的结果时，如尼克松访华、英国和尼泊尔军队的军事冲突，受试者都认为这些结果发生的概率最高，他们认为事件发生的概率是那些不知道这些历史事件结果的人所估测概率的两倍。在他们看来，过去发生的事情似乎是注定的。而他们实际上是因为后见之明产生了偏差。

而且他们基本上对这种偏差视而不见。在研究的第二阶段，菲施霍夫要求受试者们预测自己不知道的事件的结果。之后，当受试者再次接受采访时，他们不仅忘记了之前预测的结果，而且还会过于美化自己的判断。事实上，一旦他们知道这些事件的真实结果，他们往往会以为自己预测过类似的结果，即使根本没有过。他们无法重现这段欠缺准确性、回顾性信息的心理体验。一旦他们掌握了这些信息，他们就会产生错觉，以为自己一直都掌握着这些信息。他们记忆中的自我比真实的自我拥有更好的判断力。

菲施霍夫写道："在受试者们的印象中，对于已知的已发生事件，他们往往认为自己做出了正确预测，但实际上并非如此；对于未发生的事件，他们又常常矢口否认自己做出的错误预测。"[1] 他们对自己的预测做出了盲目却自信的陈述，而且根本记错了自己当初的预测。菲施霍夫发现，我们人类并不是我们认为的那样有洞察力的历史学家。他得出结论："我们往往认为过去的一切尽在自己的掌控之中，这种感觉可能会让我们无法从中学到任何东西。"

斯洛维奇：情绪启发法

卡尼曼和特沃斯基的研究成果的级联效应持续了几十年，进一步加强了对人类以怪异和非理性的方式做出决策的新的科学理解。保罗·斯洛维奇（Paul Slovic）是菲施霍夫在耶路撒冷的同学，1973—1974 年卡尼曼和特沃斯基服兵役期间，他基本上都在那里。后来，他继续从事该领域研究，并在 2000 年发现了一种新的、非常强大的偏见。在研究过程中，他发现，对启发法的研究并非局限于学术界。

斯洛维奇于 1976 年成立了一家名为 Decision Research 的智库团咨询公司，总部设在俄勒冈州尤金（Eugene），他和团队［包括菲施霍夫、心理学家萨拉·利希藤斯坦（Sarah Lichtenstein），以及一些受卡尼曼和特沃斯基学说影响的成员］在此从事研究工作，主要集中在公共部门中的风险、影响和不确定性问题。斯洛维奇称，在这里的第一个项目中，他首次理解了情绪对行为的驱动力，当时他应要求分析一组特定研究人员的工作。他说："他们比其他人领先了几十年。"但他们不是学术部门或智囊团成员，而是为烟草公司工作。

斯洛维奇回忆道："这些人发现，基于竞品分析推销香烟毫无意义。"他们发现，靠贬低竞品推销香烟的效果远不如打情感牌。斯洛维奇说："他们把香烟称为'Kool'，或是使用带有情感意义的短语，比如'快乐地活着'——这才能让人们去买烟。"

与此同时，他还在从事风险相关研究。他研究了不同的课题，如吸烟、核能、基因实验，然后发现人们在评估坏事发生的概率时并不理性。1987 年，他发表了一篇题为《风险感知》（*Perception of Risk*）的研究报告，试图找出人们对风险看法的差异（感知和不确定性的迷雾），以及专家如何理性地评估同样的风险。

但他认为他的研究还有一段路要走。他说："这是随着时间的推移而演变的。"在他看来，我们对一切事物的判断——从吸烟到末日武器，并不仅仅与我们的智力有关。他怀疑情绪也是影响因素，而不仅仅是决策事项的副产品。他认为情绪可能也是一种评估体系。"我发现自己在思考这样一种观点，即与情绪相关的图像和联想，会与行为动机产生联系。"

针对情绪心理作用的研究由来已久，斯洛维奇的研究则延续了这一历史。威廉·詹姆斯（William James）和卡尔·兰格（Carl Lange）分别对此进行了研究，1884 年和 1885 年，两位学者均得出了以下结论：情绪是大脑处理高风险状况下的生理体验的方式。他们都试图解释恐惧等情绪的纯粹效率。由于他们不约而同地得出了相同的结论，相关学说以两人的名字命名为"詹姆斯–兰格理论"（James-Lange theory）。人们常常借用一头假想的熊来概括这一理论：我们不是因为害怕熊而逃跑，而是因为逃跑了才害怕熊。从某种意义上说，身体先做出反应，然后大脑组织一个故事，汇总整理信息，方便我们理解。心理学家们并不认同熊的类比，他们认为这过于简单，但这一类比确实体现了詹姆斯–兰格理论的基本思想。詹姆斯和兰格认为，情绪是一种接收复杂信息的方式，这些信息以一种我们知道如何处理的格式打包。詹姆斯以发表广泛的宣言著称，他在1899年的一份出版物中提出了一个特别宽泛的宣言：在我们从早到晚的活动中，99%或999‰的活动都是自动的和习惯性的。[2]

现代研究人员在詹姆斯－兰格理论的基础上，继续从事相关研究。1952年，神经学家保罗·麦克莱恩（Paul MacLean）创造了“边缘系统”（limbic system）一词来描述我们用来处理情绪的内脏脑（visceral brain）。1980年，密歇根大学心理学家罗伯特·扎荣茨（Robert Zajonc）利用录音中隐藏的声音进行了实验。实验表明，人们对这些音调表现出情感反应，尽管他们无法有意识地记住它们。实验的测量结果表明，实际上，情绪可能是在操纵船，而意识只是一名乘客。也许我们只有在站起来逃离熊的追赶后才会真正体验到恐惧。扎荣茨在1980年写道：“我们有时会自欺欺人，认为我们以理性的方式行事，权衡各种选择的利弊。但这不是实际情况。通常，‘我决定支持×’只不过是‘我喜欢×’。”

基于这项研究和他在风险研究中了解到的情况，斯洛维奇现在想证实情绪确实指导我们的决策。2000年，他和来自Decision Research、沙特阿拉伯伊斯兰大学的同事们一起发表了一篇论文，文中命名了一种新的偏见：情绪启发法。

在《风险和利益判断中的情绪启发法》（*The Affect Heuristic in Judgements of Risks and Benefits*）一文中，斯洛维奇和他的同事写道，我们的情绪与可得性和代表性并驾齐驱，是做出重要决策的无意识系统。（同时，锚定是心理学家发现的真实存在的东西，但他们无法阐明其中的进化目的。这一点经常被排除在此后的研究之外。）该论文称，受试者对核能的好处的积极或消极情绪往往会改变他们对核能风险的评价。正如斯洛维奇在 2006 年与心理学家埃伦・彼得斯（Ellen Peters）合著的论文中所述："人们对风险的判断不仅取决于他们对风险的看法，还取决于感受。如果他们对某项活动的感觉良好，他们往往会将其判断为低风险高收益；如果他们对该活动的感觉不好，他们往往会做出相反的判断，即高风险低收益。"[3] 有些历史事件印证了这一观点，比如 2006 年，人们办理了被银行包装成投资产品的浮动利率房贷；再如 2020 年新冠病毒疫情暴发期间，平日里小心谨慎的人摘掉口罩，冒着死在呼吸机下的风险，仅仅是为了与亲人聚会。卡尼曼曾将情绪启发法描述为"过去几十年判断启发法研究中最重要的进步"。

为什么要了解人类的非理性

为什么我们需要先了解行为心理学家的这些开创性发现，才能理解循环——这一代人不断缩小的选择范围？这不仅仅是因为我们需要理解并且接受我们会曲解信息、误判情况、迷茫困惑。我们深知，生而为人，以上情况在所难免。但卡尼曼、特沃斯基、菲施霍夫、斯洛维奇以及数十位科学家正开创人类非理性零散模式研究。事实证明，我们所探讨的为我们汇总现实信息的中介层有自己的弱点和敏感点。如果想要理解我们是谁，我们将来可能如何被操纵，那么理解这些弱点和了解系统的优势一样至关重要。

我们面临的新困难是，当我们认为自己正在克服非理性，比如开发自动化系统来帮助我们进行风险评估、模式识别和烦琐的工作的时候，理解这些弱点会对我们产生多么大的影响。不仅如此，我们正在建立一个由机器人、人工智能（AI）和其他辅助技术组成的庞大产业，在这些系统准备好支撑我们的体重之前，我们的大脑无法发挥作用，只能依靠这些技术。

正如卡尼曼和特沃斯基等许多研究人员所证实的，我们的大脑喜欢走捷径，它会拼命逃避困难的认知任务。我们即将看到这是如何发生的，以及为什么它使决策塑造技术行业成为可能，我们对此毫无感知，但我们将非常依赖它。

第三章

两个系统

2013 年的一天，我站在佛罗里达州霍姆斯特德的烈日下，看着眼前摔倒的机器人。

我和来自世界各地的几十位记者一起站在炽热的阳光下，戴着太阳镜，阳光照得我们只能眯着眼看着成群的机器人在被太阳晒得发白的赛车跑道上穿越障碍路线。前来参赛的机器人都有着非常出色的设计。其中一个可以在遍布瓦砾的地上快速爬行，然后站立起来抓住门把手。（它唤起了我对昆虫和入室抢劫的恐惧。）另一个机器人小心翼翼地弓着身子的姿态，让我想起了祖父打台球的样子。第三个机器人白金相间的外骨骼闪耀着光泽，让人感觉它可以去夜店检查顾客的身份证。这些机器人令人印象深刻，它们是由世界各地民用、军事和研究型机器人领域的顶尖专家设计制造的，是 DARPA（美国国防部高级研究计划局）机器人挑战赛的部分“参赛选手”。我带着摄制组报道这一盛事，并向我在半岛电视台的老板们承诺，这将是最好的机械类电视剧。但那天早上，我意识到这个目标很难达成了，因为赛事初期的一项任务就让机器人全军覆没。

机器人试着爬上梯子

DARPA 是美国国防部高级研究计划局（Defense Advanced Research Projects Agency）的简称，它是美国国防部的智囊团。它的存在是为了将奇思妙想变为现实。DARPA 的前身曾致力于研发能扛过核攻击的网络信息系统，并最终发明了互联网。如今，它除了提供数亿美元的拨款外，还会举办奖金丰厚的比赛。佛罗里达州的这项竞赛每年举办，联邦政府每年借此来推动机器人行业生产出用于救灾工作的多功能机器人助手。（当然，能够完成这些任务的机器人可能有其他更多的军事用途。）DARPA 此前举办过相同形式的比赛，其中有自动驾驶汽车参赛，虽然参赛车辆曾经冲出公路，撞上栏杆，但几年之后自动驾驶汽车诞生了。可是今年，比赛并没有达到 DARPA 所设想的高度，比如将来某一天，机器人可以灭火、处理核材料、在雷区运送午餐。

问题的关键在于机器人要在人类环境中完成人类的任务。作为几乎完全不懂机器人制造的门外汉，我觉得这些任务易如反掌，比如开门、使用钻头、下车、爬梯子。爬梯子其实是最简单的。在人类看来，梯子由数量完全合理的变量组成。扶手光滑舒适，踏板的间距一致，宽度足以舒服地支撑一只脚，梯子正确放置时非常稳固。这个梯子可以承载重达数千磅[①]的机器人。与其说它是一架梯子，不如说它更像那种演讲时登上讲台的阶梯——小孩子可以轻松走上去，但对机器人来说简直难于上青天。

难点在于数据。虽然爬梯子看起来毫无难度，但对机器人来说涉及的变量异常庞大。当机器人走近梯子时，就会面临一大堆不熟悉的信息，而且每一个信息都需要单独考量。第一个踏板在哪？它在视觉上离开了地面吗？第二个踏板呢？可以根据第一个、第二个踏板之间的关系，判断出剩下踏板的角度吗？两侧的扶手倾斜角度是否相同？梯子的尽头在哪里？机器人与梯子之间最微小的交互都被证明是极其复杂的。机器人无法像人类一样，依靠本能完成任何一项任务。机器人不会每次无意识地将脚伸出相同的距离，用脚趾摸索落脚点，机器人用来保持平衡的执行器并不能像人类一样，自动与下肢传来的信号进行协调。机器人必须考虑到每一个微小的因素。任何一个操作都必须被有意识地处理。它们没有足够的意识带宽来处理这种情况。在佛罗里达的机器人大赛中，机器人一次又一次地朝各个方向撞到踏板，戴着头盔的机器人团队成员不得不在最后一刻营救它们，绝望地用保护绳将从梯子上摔下来的机器人吊起来，看着机械冠军们在空中被吊着晃来晃去，每个人都在咒天骂地。

虽然我总是呼吁应该关注当前技术可能对人类造成的威胁，而这些机器人在爬梯子方面却表现得糟糕透顶，但我告诉你，它

---

① 1 磅 = 0.453 6 千克。

们可笑的失败是由以下两个原因导致的。

第一，这些机器人代表了技术人员试图为人类的身体和心理打造精密替代品的宏伟抱负。在作为记者报道技术性内容的20年中，我一次又一次听到技术发明者们谈论着技术取代或辅助人类做各类工作。但DARPA挑战赛中的机器人，以及它们为了取代我们付出的艰苦努力，展示了现有技术的边界和我们的期望之间的差距。这些机器人既迷人又可怕，但它们还不足以取代人类，不管我们多么迫切地想要将消防水管交给它们，让它们去救人。也许有一天，机器人能够帮我们修好损坏的纱门、扑灭大火。但我们想要给它们安排这些任务的心愿，以及我们无意识地相信它们能做好的愿望，与它们的能力并不匹配。我去佛罗里达之前，期望着能见到令人叹为观止的机器人。离开时，我重新调整了期望值。从那时起，我就一直努力保持这个期望值。

第二，我之所以在本书中提及佛罗里达的机器人，是因为机器人没有完成人类所做的事情，这让我们了解了人类做事的底层逻辑。正如卡尼曼和特沃斯基告诉我们的，我们以无意识的方式处理不确定性，事实证明，我们只是无意识地爬梯子、使用汤匙、系鞋带。看见和操纵这些物体，不需要用到我们清醒的头脑。这个系统让人类繁衍了数百万年，因为它分担了意识的压力，让我们可以使用意识去做更重要的事情，比如发明新的梯子、汤勺和鞋扣。这是一份非凡的天赋。我们需要理解这个系统，明白我们还没有发明出替代品，并且了解我们仍然在无意识地将高难度认知任务转派给自动系统，比如我们的情绪，或者一群锃亮但不可靠的机器人，即使它们还不能胜任这些任务。

我们为什么会这样做

为什么我们有如此多的无意识动作，让我们不太动脑筋就能爬上梯子？大脑如何将繁重的杂活与需要深入思考的宏大任务区分开来？2000 年，心理学家基思·斯塔诺维奇（Keith Stanovich）和理查德·韦斯特（Richard West）发表了一篇论文，回顾了 30 年来人们对双过程理论（dual-process theories）的不同看法。双过程理论是一种被人们普遍接受的观点，即我们同时拥有无意识和有意识思维。研究人员提出了不同的观点，有人认为一个思维系统形成偏见，另一个进行分析；也有人提出，一个建立关联，另一个遵守规则。但斯塔诺维奇和韦斯特没有理会这些小分歧。他们指出，虽然十几篇论文提出的理论“并不总是完全一致，但具有显著的相似性”。因此，他们排除了所有的分歧，直接宣布了系统 1 和系统 2 的存在。

他们指出，系统 1“具有自动、无意识和相对不怎么费脑力的特点”，而系统 2 负责处理“控制加工”和“分析智力”。

总的来说，系统 1 为你做出快速判断，不需要有意识地关注，也无须消耗太多精力。系统 2 帮助你做出谨慎的、创造性的、理性的决策，会耗费宝贵的时间和精力。

换言之，系统 1 让你能够爬上梯子。它的决策过程是一种无意识的心理活动，它接受信息，做出决定，并付诸行动。系统 1 支好画架，稳稳地拧开颜料盖，并握住画笔。系统 2 是你大脑中自由思考的部分："我该画什么？"

丹尼尔·卡尼曼曾经独立开展了各类研究，也曾与阿莫斯·特沃斯基（1996 年死于癌症）共事，他于 2002 年获得了诺贝尔奖。在他的获奖致辞（如果我获得了诺贝尔奖，我大概只会祝贺我自己）中，他表示自己对斯塔诺维奇和韦斯特正在探讨的话题产生了新的兴趣。他首先指出，他和特沃斯基一直认为他们所发现的偏见来自"感知的自动操作和推理的刻意操作之间"。现在他想正式地对这一概念展开研究，所以他开始探索系统 1 和系统 2。

基于他的诺贝尔演讲，卡尼曼在 2003 年发表了论文《透视判断和选择》（*A Perspective on Judgment and Choice*），指出人们未能做出理性决策并不仅仅是系统 1 的过错，而是两个系统共同的问题，"系统 1 发生错误，系统 2 未能发现和纠正错误"。[1]

我们可以将系统 2 想象成一位兄长，他悉心照护年幼的弟弟妹妹，让他们免遭麻烦。这是一项艰难的任务。正如卡尼曼所述，而且其他研究人员已经证实的，"大多数行为是直觉的、熟练的、不成问题的、成功的"。换句话说，家里大部分的事情由弟弟妹妹负责，而且基本上都能顺利完成。

作为兄长的系统 2 容易放松警惕。系统 2 只有在理想情况下才能完成工作。如果它处在压力之下，或者被另一项任务分散了注意力，又或是太累了，弟弟妹妹们就只能自力更生了。

即便在理想的情况下，除非系统 1 明显将事情搞砸了，比如把汽油倒进了搅拌机，否则系统 2 并没有线索辨别出介入的时机。如果系统 1 看起来一切正常，系统 2 作为睿智的兄长并不会介入其中。研究人员已经发现，不管认知能力如何，大多数人的系统 1 大致相同，正如斯塔诺维奇和韦斯特在论文中所述，这些无意识天赋“与分析智力几乎没有关系”。我们每个人的系统 1，作为“弟弟妹妹”，完成了我们生活中的大部分工作，并没有用到我们努力培养的“智力”。正如卡尼曼总结的那样，除非系统 1 在系统 2 注意到的时候犯了一个明显的错误，否则智力不一定有用武之地，“智慧或精明没有表现机会”。我们当然希望系统 2 介入并否决系统 1 做出的最糟糕的决定，但卡尼曼指出，大多数时候系统 2 要么不参与，要么稍作调整即通过系统 1 的决策，这常常是无用功，甚至还会适得其反。（“坐在我朋友的摩托车后座应该没问题。如果有点吓人我就闭上眼睛。”）这就是当我们用“跟着直觉走”的宏大叙事来合理化本能的选择时，或者掩盖我们购买一些不必要的东西（如一瓶昂贵的葡萄酒）的无意识决定时，我们的所作所为，也就是用看似理性的言辞来描述我们以这个价格所获得的价值。有时系统 2 起到的作用只是欺骗我们，让我们更信任系统 1 未经思考而选择的路径。

但在我继续诋毁系统 1 之前，让我们先谈谈它带来的好处。

斯洛维奇这样描述我们本能的力量：“我们的经验系统非常复杂，判断也十分准确，简直是非同凡响的存在。试想一下，人类社会和文化以复杂的方式与技术、武器等事物进行复杂的互动，而事实上，大多数时候我们仅靠经验系统就完成了这一切，而且总的来说它运行得很不错。一天中的大多数时间，我们仅仅使用经验系统就完成了想做的事情。”

我们的系统 1 经过进化，可以迅速发现卡路里，并对卡路里的价值和通过爬树或追踪猎物获取卡路里的风险进行权衡。系统 1 进化到让我们无须思考就可以区分亲属和陌生人。这是一个为生存而打造的快速行动指导系统。在当今时代，我们每天查看社交媒体，与孩子们一起边吃早餐边聊天，坐下来工作，做出专业决策、政治决策和财务决策，尽管系统 1 并未进化成当代生活需要的模式，但它还是与我们一起步入了 21 世纪的生活。不管是否适当，系统 1 为我们承担大部分决策的能力仍然为我们节省了大量脑力劳动。

这也是一件好事，因为我们的大脑运行成本高昂。大脑的重量只占我们体重的 2%，但却消耗了超过 20% 的能量。（大脑、肾脏、肝脏、心脏和胃肠道可以说是维持生命的核心器官，它们只占我们体重的 7%，却消耗了 70% 的能量。）最重要的是，人体结构将我们的总可用能量储备限制在大约两个小时的持续剧烈活动，然后我们就会进入能量不足的状态。作为能量储备只有两小时的动物，我们巨大的大脑是一种奢侈。我们需要给大脑提供能量，但不能整日为了大脑的能量补给而奔忙。实际上，狩猎和采集的原始人已经养成了一些习惯和责任感，会尽量减少对食物的需求。我们还有别的事情要做，还有想法需要思考。我们现在仍旧如此。这意味着我们必须节约我们燃烧的卡路里。

大脑非常善于节约行事。尽管对于需要动脑筋、富有创造性的系统 2 工作，大脑似乎并不需要实际燃烧卡路里，但是研究表明，人们在长时间的脑力劳动后会感到疲劳。复杂而审慎的思考让我们疲惫不堪。因此，系统 1 可能运行成本更低，这也是我们如此依赖它的原因。

几十年来，学术界一直认可这样一种观点，即谨慎的决策比凭直觉做出的决策更为昂贵。1908 年，心理学家罗伯特·耶基斯（Robert Yerkes）和约翰·多德森（John Dodson）测试了老鼠学习新技能时的压力效应。他们让一组老鼠在迷宫中的不同路径之间进行简单的视觉选择，如果它们选择错了就会被电击。对于其他老鼠，他们给出了更难的测试，以及同样程度的电击。他们发现，老鼠在压力状态下可以更快地学会简单的任务。但是压力使困难的任务变得更加困难。

20 世纪，科学家对耶基斯–多德森定律（Yerkes-Dodson law）进行了人类实验，这一理论由此得以完善，该定律认为压力使本能任务更容易完成，但它往往会损害我们的注意力、记忆力和解决问题的能力，即系统 2 技能。如果事情的难度增加，人们会减少思考。我们的大脑似乎生来就是这样：压力会让我们撕裂无意识的东西，赶紧使它结束，然后逃离这里，只有在我们有时间的时候才慢慢地琢磨它。可以这样想：在压力很大的紧急情况下，如果身体认为我们接下来奔跑、大声警告或爬树需要消耗大量卡路里，那么本能就会起作用。在放松的情况下，人们只需要较少的卡路里，因此可以调用更多的“人类”能力来解决问题。为了给大脑提供足够的能量，我们需要对卡路里精打细算。

我们把这种逻辑带到了现代世界，只可惜我们现在的生活中有很多认知需求，而大多数时候，我们的大脑负担不起。

这就是为什么一项又一项研究（就如上一章中所列举的研究一样）表明，那些我们认为是深思熟虑之后的选择，实际上是未经思考的本能决定。我们认为自己在理性地评估二手车、湖面上的绳索、周末旅行机票。事实上，我们大部分时间都是凭直觉行事。1992 年，心理学家纳利尼·安巴迪（Nalini Ambady）和罗伯特·罗森塔尔（Robert Rosenthal）回顾了几十项研究，特别是 20 世纪 70 年代和 20 世纪 80 年代的行为研究热潮中的那些，总结出这样一个观念：人们在做判断时倾向于"薄片撷取"，即互相快速一瞥就得出结论。一套不合适的衣服、一把现金、一只不翼而飞的鞋子会让我们产生一系列的联想。他们认为："我们用非常微妙、几乎无法察觉的非语言线索来传达我们的人际期望和偏见。这些线索是如此隐蔽，以至于它们没有被有意识地编码和解码。"我们在挑选餐厅的时候，并不会事先询问店主食材来自哪里、厨师是如何培训的。很少有顾客有勇气走进餐厅问满桌的食客饭菜怎么样。我们只会远远地瞥一眼餐厅的遮阳篷，或许还会瞄一眼菜单，然后决定就是这家了。

我们仍然在做出一些未经思考的选择，因为这样做很容易，而且多多少少有些帮助。安巴迪对此做过研究［马尔科姆·格拉德韦尔（Malcolm Gladwell）在《决断 2 秒间》（*Blink*）一书中有详细描述］，他在 2010 年的论文中阐述了这样一个观点，即我们的行为中"最薄的切片"已经"提供了有关个性、情感和人际关系的信息"，而且我们的大脑也觉得不需要再深入思考。这种"薄片撷取"判断方式的正确度通常是可以接受的，可能我们也不需要再次认真核查。我们为什么不多花点时间？我们为什么不让更多的智力系统参与进来，检查更多的证据呢？正如安巴迪所指出的，“薄片撷取”简单有效，“它们似乎不会消耗认知资源，即使在与其他任务并行处理时也可以做出准确判断”。[2]

不过，我们真的只有在面对无关紧要的决定时，才会对彼此做出快速的判断吗？当我们在工作中面试别人、在陪审团中对被告进行判决、审查申请人的贷款资格时，我们肯定调用了系统 2 这个更高级的认知功能，对吧？

2005 年，普林斯顿大学心理学家亚历山大·托多罗夫（Alexander Todorov）和他的三位同事共同发布了一项实验结果。他们给 1 000 名受试者快速展示了两张人脸图片，只给了他们一秒钟的时间来思考对这两张人脸的看法，然后询问他们图中哪一位看起来更有能力。受试者们并不知道，图中的两人在三年的众议院和参议院竞选中是对手。托多罗夫和他的团队分析结果时发现，从统计上看，如果大多数人直觉上更喜欢其中一位，这位候选人最终将会获胜。当然，作者写道：“从理性的角度来看，有关候选人的信息应该超过任何短暂的初步印象。从意识形态的角度来看，党派身份应该会影响这种印象。”不过遗憾的是，“从心理学的角度来看，对政治候选人面部表情的速读，可能会影响人们对候选人后续信息的判断。”尤其令人担忧的是，虽然托多罗夫和他的同事们赞同安巴迪的结论，即快速判断往往是正确的，但他们写道：“尽管研究表明，从非言语行为的‘薄片’中推断出的结论可能出人意料的准确，但没有很好的证据表明，从面部推断出的特征是准确的。”[3]换句话说，快速判断通常是正确的，因此我们在现代生活中也在沿用这一做法，比如看脸评估候选人，但并没有科学依据证明这是有效的。

以前，高效的系统 1 是一种寻找食物和发现危险的绝佳方式，我们可以借此轻而易举地完成一些任务，而这些任务如果交给价值百万美元的机器人来做，它们的表现就会像是喝醉酒的孩子。但是现在，在一个建立在对我们未来发展方向的不准确假设之上的世界里，我们仍然使用同样受规则约束的系统来做复杂的选择。我们依旧在沿用一个为生存而打造的系统来做它不适应的事情。当今时代，我们建立了制度、治理理论，塑造了对彼此的期望，这些都与几百万年前，甚至几万年前的环境中人类最初进化出的思维习惯毫不相关。

但古老的决策系统也充斥着各种丑陋。人类在几百代的时间里形成了一些好恶倾向，这些倾向在当时起到了实际作用，但对我们的现代价值观来说是完全不可接受的。这就是为什么我们在现代世界如此努力地建立书面的价值观、抽象的治理和合作体系，以及虽然困难重重但至关重要的社会规范，以使我们超越这些古老的倾向。问题在于，丑陋仍然存在于我们的“程序”中，即使我们正在构建旨在克服它的技术系统，但它仍然触手可及。

第四章

族群

贝纳基的偏见实验

人类的自然状态不美好吗？难道我们不应该努力像古代人那样生活，平静地围坐在篝火旁分享食物？如果我们使用古代系统在现代社会中导航，那么现代社会中有太多的东西会让古代系统迷失方向，考虑到这一点，我们难道不应该调转方向去用古代那种纯粹、真实、可持续的方式生活吗？

“不，不，”马扎林·贝纳基（Mahzarin Banaji）说道，“我们的自然状态很糟糕，很可怕。你永远不会想回到那种状态。”

贝纳基是哈佛大学心理学系的社会伦理学教授，她热情爽朗、风趣幽默，戴着一副厚厚的彩色眼镜。相比之下，她的工作就不是这么令人愉快了，她研究那些我们没有察觉到的古老偏见。不过，她也乐在其中，并且常常在很多听众面前发表演讲，演讲中不乏黑色幽默。她曾这样讲：“我想祝贺你们，因为你们置身在多元化的人群之中。你们背景各异，有着不同的性别、年龄、社会地位、种族和宗教信仰。在人类历史的数万年里，你们是第一个如此庞大、多元的群体，没有人会在我演讲结束前死去，也不会发生暴乱，没有人会因为与众不同而被烧死。这真是太棒了。祝贺你们！”

1996 年，作为俄亥俄州立大学心理学专业的一名研究生，贝纳基参与设计了关于偏见的实验。当时，她认为自己是一个非常公正的人。如果说有一个人的生活经历代表着现代人的责任心，丝毫不带有古老的偏见，那就是贝纳基。她是在印度帕尔西人社区长大的袄教教徒，她的妈妈和姑姑在家里开办了一所小型学校，她在这里做辅导老师，辅导的学生年龄不等，最小的只有 5 岁。随后她迅速完成了学校和大学的课程，并获得了赴美留学的奖学金。她说：“我觉得我是不怎么带有偏见的，而且我不太喜欢社会某些群体和他们的偏见。”

有一天，她坐下来参加了她和同事们设计的早期版本的偏见测试，胸有成竹地等待着测试结果。在那之前，心理学家们普遍认为，让受试者自由表达自己对他人的态度即可测量他们的偏见。然而这类测试只能揭示人们所自认为的偏见。但摆在贝纳基面前的测试不同以往。她所在的团队试图设计出能够引出“隐性偏见”的测试：我们无意识的态度——我们不仅对此毫无觉察，而且一旦发现自己有这样的偏见还会大为震惊。如今这一做法已经被广泛应用，比如总统竞选活动中候选人会用到它、无数企业会选用它作为培训主题，但这在当时是颠覆性创新。测试要求贝纳基观察一系列人脸，她面前有两个按键，当每个人脸出现时，她需要识别是白人还是黑人，并按下相应按键。同时，测试要求她使用同样的两个按键将出现在眼前的单词标记为积极或消极，此时两个按键分别对应积极和消极。测试分为七个阶段，在这七个阶段中，按键对应的内涵不断切换；一个按键先是对应白人面孔和积极词汇，然后在下一个测试中，它将对应白人面孔和消极词汇。另一个按键先对应黑人面孔和积极词汇，然后是黑人面孔和消极词汇。这个测试光是描述起来就很费劲，测试本身更是令人眼花缭乱，而且非常乏味，让受试者无法集中注意力，而正是因为如此，让受试者用同一根手指来标记种族归属和情感倾向，揭示了长期以来我们潜意识中赋予这两者的联系。最终，贝纳基的测试结果是，她“相比非裔美国人，明显偏好欧裔美国人”。

贝纳基现在已经是偏见研究领域的杰出人物，她说：“我有两种反应，我先是认为测试肯定弄错了。我想，如果我用自己的手指在键盘上点选，得出的结果却不能反映我的态度，那么测试肯定有问题！然后我发现测试根本没错之后，我感到无比的尴尬和羞愧！”

贝纳基和她的同事托尼·格林沃尔德（Tony Greenwald）、布赖恩·诺赛克（Brian Nosek）于 1998 年将该测试放在网上，期望第一年能有 500 人参加。出人意料的是，测试上线的第一个月就有 4.5 万人参加。测试的受欢迎程度又引出了选择偏见的问题。他们担心，只有有意识地想要消除偏见的自由主义者才会参加这个测试，这样会使结果产生偏差。不过一天又一天，随着各种背景的人纷纷参加这个测试，这个担忧很快不存在了。贝纳基说：“我记得有一天我去看了一下，发现来自堪萨斯州托皮卡的 400 人参加了测试，我们才意识到，有一所学校让很多孩子参加了测试。”参加测试的人来自各行各业，如会计师事务所、军事部队、博物馆。“一些组织过去经常访问我们的网站，他们也贡献过数据。”网站仍然有源源不断的访客提供新的数据。贝纳基说：“在这 22 年里，每天都有成千上万的人访问网站。”

自首次上线以来，已经有 3 000 多万人参与了内隐联想测验（Implicit Association Test，简称 IAT），它用简单的敲击键盘的机制来测量我们对性别、年龄、种族、性取向、残疾和体重的本能态度。长期以来，因为测试本身几乎没什么变化，随着不断有新人参加测试，IAT 作为一项全面的纵向调查，记录了自测试上线后 20 多年来人们态度的变化。

好消息是，某些属性如性取向，正在渐渐被撕去耻辱性的标签。贝纳基说：“这可能是因为人们身边有同性恋者，并与他们的生活建立了联系，他们也有家庭，也是父母的孩子。”俄亥俄州参议员罗布·波特曼（Rob Portman）在其职业生涯的大部分时间里一直坚决反对同性婚姻合法化。但后来他儿子威尔（Will）向父母坦白自己是同性恋者。他在 2013 年接受 CNN 记者达娜·巴什（Dana Bash）采访时说：“这促使我重新思考这个问题，我开始反思自己在这个问题上的立场，我现在认为同性恋者有结婚的权利。”

贝纳基并不认为波特曼的改变是由衷的。她嘲笑道：“我不会赞赏波特曼议员，显然人需要亲身经历才能改变！”她说，这不会对其他领域的偏见产生任何影响。“你儿子在耶鲁读完一学期后也不会回来对你说‘爸爸，我是黑人’。”

而且遗憾的是，贝纳基的统计数据显示，种族偏见虽然在过去 10 年中略有下降，但谈不上有实质性变化。贝纳基用手在空中划出了一条水平直线。她说：“这些年种族偏见就像这样。人们会非常惊讶地发现，我们的种族偏见真的没有改变。”

是什么让我们产生偏见

影响深远的文化和历史时刻是否改变了种族偏见？比如备受欢迎的《考斯比秀》《奥普拉脱口秀》，以及卡玛拉·哈里斯（Kamala Harris）这样的非白人候选人进入最高决策层？遗憾的是，他们并没有带来改变。贝纳基说：“奥巴马当选的第二天，我们查看了测试结果，看看是否有什么变化。然而并没有。”这并不是说独立的事件并不能改变我们有意识的态度。“常常有这样的案例，人们和其他群体的人有过接触之后，就完全改变了自己的看法。这就是我们鼓励出国旅行的原因。但我认为，针对我们所关注的问题”——长期的、大规模的、全社会的态度变化——大脑“这台精打细算的小机器”总在进行简单的关联，“它说‘x 让你想到 y’”。

正如我们所看到的，我们的大脑利用长期模式在认知方面走捷径。贝纳基解释说，改变这些模式需要大量新的反事实数据。她说：“我们在这里讨论的是一些我们没有意识到的东西。‘如果我在纽约走到一家报摊前，看到报摊老板是南亚人的概率有多大？’由于概率很高，我们会给这两件事情建立关联。如果要消除这种关联，我们必须拿出很多反例——走到报摊前，看到老板并非南亚人。”

充斥着偏见的当今社会固然令人失望，但这一切其实事出有因。过去的世界野蛮残酷，人类聚族而居，任何外来者都可能带来灾祸，贝纳基认为，偏见是人类为了保住性命而发展出来的。仅凭借本能，就能快速辨认出外来者，可谓是一项绝佳技能。对于诸如果实成熟的颜色、篝火旁捕食者的动态这类情景，人类有着丰富的经验，因此可以推测周围环境，从而采取相应行动，这是一种节省时间的自保方式，同时也可以保护族群。研究人员甚至还认为，其中可能有心理机制在起作用，帮助人类防范外来者、循规蹈矩地生活、秉持保守立场来远离疾病，这一系列的无意识策略被称为行为免疫系统。[1]

然而，我们这种厉行节俭的大脑，在当今时代已经成为一个明显劣势，因为人类对生活有了新的、更高的追求。生活发生了变化，而我们的无意识习惯却一如既往。我们并不是生来就能平等对待新来的人，去了解他们的生活，并邀请他们加入我们。数百万年的进化压力让我们不再有开放的思想，因为它可能会让我们丧命。我们的开放态度只不过是伪装。所谓平等，只不过是一块遮羞布，一种动听的当代愿景，用来掩盖我们沿袭自远古时代的、尖锐危险的思维模式。

我曾经采访过约翰·奥德代斯（John Alderdice）勋爵，他在贝尔法斯特的动乱中长大，参加过推动《耶稣受难日协议》（*Good Friday Accord*）签订的政治运动，该协议是北爱尔兰多年和平谈判的结果。他是上议院议员，现在研究世界各地的争端。他热心帮助截然不同的人找到共同点。他是执业精神病学家，而且几十年来一直致力于推动这项事业，但他认为这与我们的天性背道而驰。

他说："全球化的整个过程，包括贸易、旅游和四处活动的自由，不仅意味着你可以去其他国家，还意味着别人也会来到你所在之处——有一定比例的人，大约 15% 的人，对此表示欢迎，这些人主要来自报社和学术机构，他们对外来人口的进入感到开心和自在。但他们有所不知的是，大多数人并不这么想。大多数人只想出去度个假，然后就回家。因此，他们希望外国人只是前来旅游，而不是带来文化并以一种快到让他们无法适应的速度带来变化。"

我们能这样思考其实是一件新鲜事。大约 3 000 万年前，我们与现代灵长类动物最接近的共同祖先开始在地球上行走。大约 200 万年前，我们进化成了与现在差不多的样子。但仅仅是在 20 万年前至 7 万年前，可能是食肉天性或者无从得知的原因促使我们去思考超越了身体和直接需求以外的东西。神经科学家称之为新皮质，它是大脑的一部分，赋予我们能够超越自我思考的能力。从进化意义上来说，我们获得这项能力的时间并不长，它让我们不仅能从同类那里获取线索，还能设身处地、夜以继日地操心我们作为个体和群体的未来和过去，在稳定、大体和平的基础上相互同情、谈判和协调。

古代的人们发展出了快速识别、排斥甚至惩罚异己的能力。远古人类不可能做你每天做的那些事情。我们并不是只讨论宏大的事情，比如像奥德代斯勋爵这样的专家帮助促进的交战民族之间的和平谈判。我们讨论的是日常琐事。远古人类不会在一个能作为私人避难所的家里醒来，然后与背景迥异的人们一起工作一天。正如贝纳基经常强调的那样，有些人会谋杀别人。他们不可能平静地投票给从未见过也永远不会见到的领导人，不会在法庭上相互起诉，不会承认某些纸片的价值，也不会将两件随身行李中较小的那件放在前面的座位下面。我们生活中的事情都是新鲜陌生的，如果我们看到自己的“认知装备”和所做的事情之间不匹配，然后意识到古老偏见在多大程度上预先决定了我们如何穿过现代生活的走廊，就像 TN 穿过比阿特丽斯·德·格尔德负责的实验室的那条走廊一样，我们就会清楚地认识到这一平衡其实非常脆弱。

卡尼曼在 2003 年写道，他对系统 1 和系统 2 的研究借鉴了关于人类决策的两个广泛假设。“第一个假设是，大多数行为都是直觉的、熟练的、无误的和成功的”。毕竟无意识决策机制让人类得以繁衍至今。但第二个假设就是我们陷入麻烦的原因。“行为虽然不完全受直觉印象和意图支配，但是被它们锚定”。即使我们会用到理性，但我们或多或少会受到这些无意识系统的影响。

然而，难道没有制定道德标准、治理规范和合法化的组织来纠正这些过时的本能吗？难道我们不能运用理性来摆脱这种局面吗？现在我们在高速公路上遵守规则走自己的车道，我认为这是现代社会的奇迹之一，更不必说在我们蒙受冤屈时，能够以和平的方式诉诸法律。但可悲的是，这些体系的存在并不意味着我们已经摆脱了古老的本能。正如亚历山大·托多罗夫和他的同事们所发现的，就算是我们认为自己理性投出的选票，实际上还是凭直觉投出的。耶鲁大学心理学专家亚罗·邓纳姆（Yarrow Dunham）发现，群体内 / 群体外的偏见非常明显，以至于他一看到小孩就能看出他们的偏见。

邓纳姆是一个热情友善、心胸开阔的人，他爱笑、对陌生人友善。他肯定不是你心目中那种花了数年时间揭露儿童存在强烈歧视倾向的人。他在耶鲁大学的实验室对人类行为方式进行了直接测试，正如卡尼曼所述，“基于直觉印象”。我观看了一个实验，他将儿童分配到任意群体中，然后让他们分享对自己群体和其他群体的假设。实验过程让人不寒而栗。

在实验中，邓纳姆让 3—6 岁的孩子转动转盘上面的箭头。箭头落在绿色或橙色区块上，邓纳姆会给孩子一件相应颜色的 T 恤，宣布他们是绿色或橙色团队的成员。然后他告诉我：“我可以让他们在 90 秒内对彼此做出离谱的臆断。”

我看过他这样做了好几次。他先测试孩子们对自己团队和其他团队的假设。绿色团队和橙色团队的两个孩子，谁最有可能给你糖果？你想和这两个人中的哪一个做朋友？孩子们迅速给出了一致的、可怕的回答。他向一个自豪地穿着橙色 T 恤的女孩展示了一张图像，图像中是一个模棱两可的场景——一个穿橙色衣服的孩子四肢伸开躺在秋千下，另一个穿绿衣服的孩子站在秋千后，脸上露出担忧的神情。“男孩把女孩推下了秋千。”女孩说。然后，一个穿绿衣服的男孩看了同样的场景，他告诉邓纳姆，穿橙色衣服的女孩肯定是从秋千上摔了下来，穿绿色衣服的男孩正要扶她起来。同样的场景，同样的事实，两个孩子的解读却大相径庭。

邓纳姆解释道："他们一开始只是略微偏爱一个群体。"但随着时间的推移，他向孩子们展示了更多这类场景，孩子们会把自己对这类场景的扭曲解读当作事实，并植根在脑海里。这时孩子们的想象就真正开始固化了。"我后来问他们关于这个群体的情况时，他们就有了一些自以为是的事实储备。'哦，这个群体的成员很刻薄，他们总是逼迫别人，他们偷别人的钱。'所以他们现在有证据支持他们的偏见，现在你可以想象这会让他们更加确信最初的偏见是有理有据的。"

邓纳姆说，想象一下，人们一辈子都在进行这些臆断。"随着时间的推移，偏见累积起来就会形成一种根深蒂固的观念，那就是自己所在的群体更好。"

邓纳姆的研究是长达数十年努力的一部分，旨在发现我们会如此迅速对最随机的、最小的群体产生偏见的原因。研究结果表明，不知何故，我们生来就是如此。20 世纪 50 年代，作为波兰犹太人的社会心理学家亨利·泰弗尔（Henri Tajfel），在德国战俘营中隐瞒了自己的背景得以幸存下来，他试图找出为什么即使是普通德国人也会支持纳粹主义及其恐怖恶行。1970 年，他在英国布里斯托大学进行实验，研究"最简群体范式"（minimal group paradigm）的概念。这个概念认为，只要加入一个由任何事物联系在一起的群体，从相似的圣诞节毛衣到昵称，成员们就会开始偏爱这个群体的人。你有没有因为一个路过的司机正好开着和你一样的车而向他挥手？就是这种情况。

事实证明，就连泰弗尔自己也未能逃脱他研究的这种效应。两位研究人员在 2019 年[2]展开了一项调查，发现泰弗尔骚扰了实验室多名女性，而且泰弗尔对于测试群体内 / 群体外的性别偏好“完全不感兴趣”，他既不认为女性拥有同等的智力水平，也没有让她们参与有意义的合作。在欧洲，一个以他的名字命名的著名学术奖项的组织者们最近宣布将重新命名该奖项。

但直至今日，他关于最简群体范式的结论仍然有着巨大影响，他不幸的个人遭遇也有力地体现了这一理论。数以百计的实验再现了同样的情形。如果我们被分到随机小组，我们会认为自己所在的组优于其他组。[正如心理学家杰弗里·利斯（Jeffrey Lees）和米娜·西卡拉（Mina Cikara）所发现的，对“另一方”想法的判断也往往不准确且悲观，即使在双方基本达成一致的主题上也是如此。] 正如邓纳姆所阐述的，这种倾向在我们的头脑中伪装成客观判断。

是独立选择还是古老的本能

当这些倾向被伪装起来时，当我们以为自己做出了独立选择，可实际上还是受制于古老的本能时，我们的表现如何？坦率地说，这类事情在我们的生活中无处不在，但它让一些人走到社会边缘的方式尤其发人深省。在我报道技术和人类行为的这段时间里，我遇到了很多勇敢无畏、足智多谋的研究人员，其中阿蒂斯国际（Artis International）研究人员的工作内容可能是最令人望而生畏的：寻找那些全身心投入一项事业，以至于愿意为之战斗和牺牲的人，去了解他们，真正理解他们的信念。组成这个智囊团的研究人员在地球上最血腥的冲突中寻找最忠诚的战士，和他们交朋友并展开研究。在这个过程中，研究人员发现，人类系统并没有完善到能直接让我们成为自己想成为的人。

莉迪娅·威尔逊（Lydia Wilson）是阿蒂斯的研究员，她曾在剑桥大学学习历史，会说阿拉伯语。她曾在叙利亚、贝鲁特、科索沃和约旦生活和工作，是公认的团队中最勇敢的成员之一。她常常去连记者都不愿意踏足的地方采访。“有一次，我在前线采访了一位伊拉克库尔德斯坦军队的‘自由斗士’（Peshmerga）将军。”她回忆道，“当我们开车正要离开时，他问‘你采访的时候听到ISIS发动袭击的声音了吗？’我当时回答没听到。但后来查看采访记录时，我发现自己问过‘下雨了吗？’”

她笑道：“‘自由斗士’成员非常极端，他们常常谈到库尔德人这个话题，比如库尔德人不会发动自杀式袭击。这不是库尔德人的做法。他们热情好客。库尔德人确实如此，所以他们命令部队不要反击，以防我被吓到。”

2017年发表在《自然人类行为》（*Nature Human Behavior*）上的一项研究中，威尔逊、阿蒂斯联合创始人斯科特·阿特兰（Scott Atran）和几位合著者详细介绍了“忠诚行动者”（devoted actors）的特质，像“自由斗士”这样的人，他们有着强大而可怕的特征：“对不可动摇的神圣价值观和所在群体的忠诚”，以及“为了价值观可以抛弃家人”。[3]古老的无意识系统将他们联结在一起，就像我们的灵长类表亲一样，但与之不同的是，他们还具有一种新的特质——为了某些事情随时赴死的信念——这是人类特有的。

这篇关于“忠诚行动者”的论文是基于对“自由斗士”、伊拉克军队、逊尼派部族武装和被抓获的 ISIS 战士的实地采访。在与研究人员的谈话中，他们主动解释了自己的行为，这与阿蒂斯研究人员以前见过的模式一致。（另外还有来自欧洲的 6 000 多名非战斗人员参与了在线调查，作为对这项研究的补充。）他们对抽象的理想表现出了惊人的忠诚。他们对战斗团体的忠诚度超过对自己的家人。如果有人提议让他们退出战斗以换取安逸的生活，比如过上有钱人的生活、在和平国家安逸地生活、让孩子在其他地方更好地生活，他们往往会非常愤怒。

是什么让这些战士如此忠诚？作者试图找到一些影响因素，即直接促使普通人放弃简单目标，抛却安逸的家庭、社群生活，自愿投身战争的因素。研究结束时，他们的结论是一些“神圣价值观”足以让人们不顾一切。在研究这些价值观时，他们似乎也发现了推动人们去做一些事情的动力。

该研究将“神圣”价值定义为不受诱惑、完全不可动摇的价值。作者写道：“为了衡量神圣性，我们调研了人们用价值交换物质利益的意愿，包括个人和集体利益。而神圣价值的标志是完全拒绝考虑这种交易。”

神圣价值观是什么？对“自由斗士”和伊拉克库尔德斯坦军队来说，神圣价值观包括承诺建立一个独立的库尔德斯坦，以及维护“库尔德人”的尊严。对逊尼派部族武装来说，神圣价值观则包括伊斯兰教法和“阿拉伯特性”问题。

这些群体对其战斗实力的判断，并非基于理性的军事评估，而是对自己的精神力量有着强大的信心。如果给他们看人体强壮程度标准图表，再询问他们自己和战友的身体力量，就会发现他们对自己团队成员的强壮程度有着夸张的认识。如果给他们看同样的图表，但询问的是关于美国军队的同样问题，他们则倾向于认为自己的身体强壮许多。“他们认为最重要的是精神上的强大。”研究人员写道。

最后，阿蒂斯的研究人员给出了一份“忠诚行动者”的必备要素清单。它要求一个人将自己的个人身份归入群体，通常将群体置于家庭之上。他们对自由和尊严有着抽象的信仰，不被物质诱惑所左右。他们根据精神力量来评估自己和敌人，而不是基于人数或武器。斯科特·阿特兰告诉我，他相信这一切都是出于某些进化的原因。

他说：“这些超越个体的超验概念使群体不受常规检视，但矛盾的是，它给了我们难以置信的群体力量和个人力量。这就是人类能够离开洞穴的原因。”

“群体越来越庞大，你需要找到团结他们的方法。这些由奇怪的观念构成的系统——无法用经验证明的超验观念——变得前所未有的重要。你必须确保团队成员完全不会考虑退出。这样他们就会拒绝任何诱惑。”

纳菲斯·哈米德（Nafees Hamid）是阿蒂斯的研究员，多年来一直致力于研究 ISIS、被明令禁止的英国“圣战”团体“穆罕基鲁尼”（Al-Muhajiroun）等组织的新战士的行为。他发现了哪种价值观会引发深刻的、无意识的、情绪化的反应，以及哪种价值观会让大脑产生更冷静的、更深思熟虑的反应。在 2019 年的一篇论文中，哈米德、阿特兰还有其他合著者一起采访了欧洲的“基地”组织（Al Qaeda）支持者们，这些受访者来自某些移民社区，他们甚至还说服一部分人做了脑部核磁共振。哈米德说，研究结果表明，神圣价值观可能由大脑中负责学习并遵守具体规则的部分来处理如炉子很热、悬崖很危险等具体情况。哈米德说：“真正神圣的价值观似乎触发了这种义务系统。至于非神圣价值观，则是由大脑的执行控制部分来处理。”他认为这部分处理速度较慢，会深入进行更高层次的思考。“一般来说，大脑对非神圣价值观的反应较慢。”

那些能触发我们最强烈感情的话题不会用到我们的思维能力。从某种意义上说，部落主义、宗教等使用一个单独的处理系统。正如哈米德、阿特兰和合著者所述：“神圣价值相关的选择，较少触及大脑中与认知控制和成本计算有关的区域。”如果大脑就是这样工作的，他们认为：“那么这两种情况包含不同程度的认知性付出：神圣价值观作为一种启发法，使大脑易于做出决策，而有关非神圣价值观的决策则需要一定程度的大脑计算。”[4]

那么，哪些行为违反了神圣价值观，并引发了本能反应？哈米德说：“比如画一幅先知穆罕默德的漫画、在非穆斯林区域应用伊斯兰教法及克什米尔和巴勒斯坦相关问题，这些最容易激发神圣价值观。”非神圣价值观引发的回应则更为慎重，“例如美国对穆斯林土地的军事占领、无人机袭击，是否应该在学校给孩子们讲授伊斯兰教义、提供神圣食物。”

哈米德说，实际上，日常琐事并不会触发成员大脑中最强大的决策系统。他说：“神圣价值观更为广泛、抽象、超验。ISIS 不会花时间在公共场合谈论清真食品。”

支配着这些忠诚行动者的似乎并不是马斯洛需求层次结构或其他简单的分类法。抽象价值观，即那些对我们的生活并无具体影响，但关系到我们想成为什么样的人的价值观，才更容易被拔高到神圣地位。

一旦两个群体所崇尚的神圣价值观发生冲突，就会引发问题。哈米德说，这类问题让他对于帮助人们和谐相处感到悲观。他说：“将部落变为国际大都市，打破边界，将我们视作人类共同体，需要很多信任和信心，同时还需要我们有融入其中的感觉。我们大脑的进化方式更为部落化。我们的政治结构与我们的大脑结构相反。”

阿蒂斯团队的研究结果让我印象深刻的是，他们代表了一条始于中心路径的、曲折的进化之路——部落、对群体的超验信念，以及社会凝聚力高于一切——但却转向了政治分歧、领土争端和难以遏制的冲突。几代人之后，我们如今在高速发展，但仍然受控于古老的群体内 / 群体外倾向，我们又往其中加入了媒体、技术和资本的促进剂。

技术和古老的本能

在现代信息领域，对于企业来说，我们在它们的平台上停留得越久，它们就越赚钱。它们在平台上给我们推送的内容是基于推荐算法的，同时由“用户体验”设计师精心设计，激发我们的本能，从而使我们获得最大的共鸣。多年来，专家们一直在谈论社交媒体的激进主义效应，它可以放大我们的群体倾向，但过去我一直天真地认为，只有缺乏判断力的人才会受此影响。我现在意识到，我被深深地误导了，我们古老的本能正在被利用，同时技术却让我们相信这一切并没有发生。这是马克·卡佩塔诺维奇（Mak Kapetanovic）使我了解到的。

我认识卡佩塔诺维奇时，他 22 岁。他在佛罗里达州杰克逊维尔长大，是波斯尼亚移民的儿子。他的母亲在他 16 岁时突然死于中风，让本已疏于社交的他更加封闭自己。他在网上寻找社群和温情。他说自己玩了很多电子游戏，在聊天和玩笑中，他遭遇了许多他所说的随意的种族主义，一种白人至上的旋涡，这是显而易见的，但很难给出定论。在他母亲去世后，他开始混迹 4chan 这样的在线论坛，在那里，他发现在模因、图片和不成熟的统计数据中，一种新的意识形态和个人身份开始形成。

卡佩塔诺维奇是一个身材瘦削的年轻人，他为人友善，说话温和。他还是乐队成员。当我们谈话时，他正在一家餐馆打工，正计划重返大学。他将自己陷入对白人民族主义持久痴迷的过程描述为一种缓慢的下滑，过于缓慢以至于他并无感知。他告诉我：“这是一种非常非常非常慢的下降方式，就像一台非常慢的电梯。你看不到电梯的地板。”

但回首往事，卡佩塔诺维奇说，他生活在一个与自己的祖籍地截然不同的地方。他的父母是来自波斯尼亚的移民，为了逃离那里对穆斯林的迫害而移居此地。但他们的儿子一度在种族、移民和穆斯林问题上形成了就连自己也很难解释的观点。

他说："我来自穆斯林家庭。我来自移民家庭。我来自这样一个地方，在战争期间，像我这样的穆斯林遭到了种族清洗。种族大屠杀。对于像我这样后来跑到美国的人来说，在这里长大，然后，你知道，我能接纳这种观念，其实很不可思议。"

他说，刚开始进入线上论坛时，他会有意识地反对种族主义意识形态。他说："我开始浏览 4chan 上的政治版块，主要是为了围观和嘲笑种族主义者。但仅限于在那种环境中，和那么多人在一起，了解他们对事情的看法……"他停顿了一下，继续说道："它能潜移默化地改变你的心态。"他还在 YouTube 上研究过诸如"种族现实主义"之类的术语，然后发现网站不断地将他引向关于犯罪、种族和移民等越来越极端的内容。他所讲述的故事对我来说再熟悉不过了：人们认为他们理性地在网上研究一些事情，然而随着时间的推移，他们发现自己最原始的本能得到了强化，最终造成了灾难性的后果。

他在网上找到的身份认同对他来说就是一切。"大多数人看到我都会说我是白人。"他告诉我。他有着白皙的皮肤和浅棕色的头发。"但我是第一代移民。我真的很难找到自己的定位。我觉得自己既不够美国化，也不够波斯尼亚化。"他在 YouTube、4chan 和各种游戏上消磨了一些时间，然后找到并加入了一个社群。他接着说："我看到他们团结在一起，你知道，这种意识形态吸引着我，我想：‘好吧，我猜我就属于这里’。”就像邓纳姆在实验中说的，穿上橙色或绿色 T 恤的感觉真的很好。也正如贝纳基可以告诉他的那样，他的意识并不受自己控制。最后，他说，他发现自己认同了种族主义意识形态，而这种意识形态曾杀害了他在波斯尼亚的家人，并迫使他的父母逃离家园。

在我见到卡佩塔诺维奇的时候，他已经摈弃了所有这些观念，他计划研究人类学以反对极端主义。他的思想转折点是 2019 年，那一年 51 人丧生于新西兰基督城的一座清真寺，当时他意识到，枪手布伦顿·塔兰特（Brenton Tarrant）被捕后在全球网络上仍然有影响力，这一事件所传播的模因与卡佩塔诺维奇此前接触到的是一样的。他说：“我和他都接触过很多相同的观念，但他杀死了 51 人，现在我反对这种意识形态。”

我问他是否能想象另一种结果，就是他可能会像塔兰特那样伤害别人。他轻声说：“想想真的很可怕。我想不会，永远不会。”他停顿了一下，继续说道：“也许，如果我父母去世了，可能我就这样做了。也许，如果没有我那几位好朋友，我可能就这么做了。”

他说，最终他确信是技术让他在电梯上加速下降，同时阻止了他意识到这一点。他担心下一个孩子会深陷于此，因为他认为，人类根本没有准备好抵御这种影响。他说：“我们的社会从来没有真正采取行动阻止这种观念的传播。”

我们可以这样想。阿蒂斯发现，忠诚行动者将个人身份与团体身份融合在一起。而他们的这种倾向成为极端分子手中有力的工具，除了极端分子之外，任何想要招募成员、筹集资金或左右政策的团体，如枪支权利拥护者、民主党民调专家、帕格犬救助者，都可以利用这个工具。参加一个 Facebook 群组、加入与我们志同道合的群体中，这种看似无害的行为实际上对我们的影响可能比想象中更大。[这可能有助于解释为什么马克・扎克伯格（Mark Zuckerberg）在 2017 年将 Facebook 群组作为公司的战略重点：无论是基于滑板运动爱好，还是基于意识形态立场的群组，将一个群体联系在一起的纽带让人们非常想要加入进去。] 我们的大脑生来就会对想象中的自己以及我们可以与同类一起做的事情（这是自由、社会、原则等概念的力量），而非我们的实际身份（父母、朋友、送孩子上学的司机），有更深刻的情感反应。马克・卡佩塔诺维从自身经验总结出了这一点，尽管他花了很多年。正如哈米德所发现的那样，如果我们没有调用大脑中理性地权衡投入和产出的部分来处理问题，那么我们参与的意愿会更加强烈。哪家公司不想卖东西给这样的我们？

虽然我们倾向于认为，部落主义和对忠诚行动者的神圣抽象价值观的深刻情感反应与我们相距甚远，但事实可能并非如此，至少不会持续很久。因为它将越来越多地成为我们社会互动的主要形式，越来越多的企业正在学习从中赚钱。

曾经这种无意识的决策和群体的形成，以及科技公司利用它的方式，大多仅仅被认为是一种偶发现象、一种无害的上瘾，或是一种浪费时间的行为。电子游戏、聊天室和小众色情作品只是新的网络时代滋生出的有利可图的古怪行为。但现在显而易见的是，曾经阿蒂斯在冲突地区研究的那些组织团体，现在也以某种形式存在于美国社会，比如拥护比萨门（Pizzagate）和匿名者 Q（QAnon）等阴谋论的线上团体。神圣价值观和群体认同让我们抛开了批判能力。在哈米德的实验中，那些对先知穆罕默德的漫画或巴勒斯坦被占领感到愤怒的人，他们的核磁共振扫描报告显示，他们大脑中的成本收益评估模块并没有启动。2021 年 1 月 6 日涌入美国国会大厦内的每个人显然也是如此。人们冲上台阶，并未想好进去后要做什么；还有在 YouTube 上露脸直播的人，完全没有考虑过等待他们的将是重罪指控。难道还有比这更好的证据能表明，神圣价值观会让我们关掉大脑中理性判断的部分？

1 月 6 日那天，我整天都在观看人们在线上直播的美国国会大厦事件。我看了评论员们对正在发生的事情的描述，同时也在 YouTube、Twitch、Discord 等平台上观看人们在美国国会大厦的台阶上、门口和大楼实时发布的内容。这不仅仅是意识形态问题。平台还要收取费用。在 YouTube 上，所谓的超级聊天窗口充斥着大量的评论，偶尔会有人花 20 美元、50 美元或 100 美元，仅仅是为了将他们的评论置顶。

美国国会大厦事件过去几天后，我与哈米德交谈，问他在 1 月 6 日看到的情况是否让他想起了他研究过的“圣战”分子行为。他说确实如此。他告诉我，那些积极协调活动、事发时热烈庆祝的在线群体，为忠诚行动者提供了最强有力的资金支持。他说：“完全融入这个群体的人是最忠诚的，这是他们唯一的群体范本，通常也是他们唯一的社群，他们完全认同这一群体。因此，他们寻求来自“圣战”分子、白人民族主义者和阴谋论者的赞赏。”

以上情形是由人类群体性和关系性的属性造成的，人类甚至在几百年前也无法想象，而我们古老的基础系统没有让我们做好抵抗的准备。作为能够察觉到毒蛇和火焰、分辨亲人和陌生人的有机体，人类现在生活在一个令人难以置信的抽象世界里。我们投票选举陌生人，根据想象中的法律由委任的社会成员维护治安；我们起草冗长抽象的合同，据此达成或结束个人或职业的伙伴关系……这一切都是人类发明出来的。更重要的是，它在调用我们大脑的无意识系统的同时，也让我们相信，我们正在利用我们更高级、更新的意识在世界上生活。现代世界主要还是系统 1，只是它伪装成了系统 2。

第一个循环：无意识决策和影响的循环

在思考技术将如何塑造未来时代的我们时，我们越来越认识到，我们关于公平、自由和理性的理想尚未实现，这可能是因为人类并不是为了实现这些理想而生的。然而，因为我们想要相信，一个建立在人类基本属性基础上的社会是最好的形式，我们用来影响和管理人类选择而开发的技术和系统可能没有考虑到人类行为其实是临场发挥。事实上，打造人类共同生活的最佳方式可能需要更多地对抗我们的本性——我们对群体之外的人的偏见，我们为了赢得所在部落的认可愿意相信一些无稽之谈，我们可以为了无法实现的原则而牺牲实际的益处——而我们开发的技术正在利用我们的本性来彼此对抗。

生而为人，我们就已经陷入了第一个循环：一个无意识的决策和影响的循环，使我们身处一个或多或少可预测的轨道上。作为现代人，我们刚刚开始认识到这个循环。但与此同时，我们围绕着它为自己构建了第二个循环：一个致力于操纵和说服的产业，利用我们的无意识倾向，将我们锁定在消费和顺从的循环中。接下来我要讲述的内容，你也许觉得很熟悉，甚至还有点吸引人。但请记住，这是人类认知缺陷和借此获利的欲望所造成的结果。从这个角度来看，在当今世界，我们四处游荡，从一个地方被引导到另一个地方。从人类历史来看，这是全新的世界，但也令人为之担忧。

第二部分

第二个循环：现代力量的操纵

第五章

导航系统

是什么引导我们的行为

小时候，父母带我和妹妹去加州迪士尼乐园玩过几次，通常是看望我祖父母的时候顺便去的。时至今日，当时游玩的场景还历历在目。我喜欢那些奇异的故事，喜欢坐在不那么受欢迎的“蟾蜍先生的狂野之旅”（Mr. Toad’s Wild Ride）的古董车上左摇右晃。我还喜欢乘坐“小小世界”（It’s a Small World）的音乐游船，整个航程平静悠然，精巧复杂的微缩景观让我体会到了一种真正的幸福，虽然当时的我并不会承认这一点。但到目前为止，我最喜欢的项目是“驰车天地”（Autopia），回到康涅狄格州的家中后，我常常会梦到它，也曾把它画在画中。“驰车天地”项目中有几条蜿蜒曲折的车道，游客只要身高超过 32 英寸[①] 即可入场驾车。

我还记得排队时，心中的期待就像火山一样要喷发出来。叫

① 1 英寸 = 0.023 4 米。

到我的时候，我冲到跑道上，从沙滩车一样的车子里面选车，这些车子是 20 世纪 80 年代初风格的亮绿色、紫色和黄色，金属喷漆车身在阿纳海姆的阳光下熠熠生辉。我们爬进车里，我握着方向盘，满心期待着权力和自由的感觉，工作人员发动了那辆声音大得出奇、尾气污染严重的小车。就在我写这篇文章的时候，我还清楚地记得，踩下油门之后延迟了半秒钟才感觉到发动机震动并听到二冲程发动机轰鸣，然后车子载着我的家人和他们九岁的司机（我！）驶向我想去的地方。

当然，车子的走向并不是真的由我决定。我总是误判第一个弯道，导致车子撞上道路中间的导轨（沿着车子行进的路线铺设的导轨，非常坚硬，如果车子不在道路中间行驶，导轨可以强制调整车子前轮方向），使车上的人承受了一次次的撞击，这样的结果说明，不让孩子们开车是有原因的。因为有导轨的存在，所以从严格意义说，我根本不是在驾驶。事实上，我只是在操纵方向盘，严格来说，甚至这也不是必要的。如果我把手从方向盘上拿开，导轨就会迫使汽车朝正确的方向行驶。我的努力更多的是试图保持前轮与导轨平行，以免撞击到导轨，而不是决定要开向哪里。但这一切都无关紧要。我觉得我在驾驶。我觉得自己很强大。我感受到了自由。这段经历深深地冲击了我的大脑，让我终生迷恋汽车、飞机、船只，追求速度和自由，尽管我实际上只负责踩油门。

我们一次又一次地看到，我们的行为看起来似乎是自由意志和明确选择的结果，但实际上却是导航系统引导的结果，而我们根本无力违抗，无论引导我们的是自己的大脑还是导轨这样的外部事物。然而，我在前几章中所介绍的影响因素，不仅让我们的大脑相信我们正在做出自己的选择，而且以一种与“驰车天地”项目一样的方式，让我们感受到了权力和自主，像是在开阔的路面上自由行驶一样。

先谈谈我认为阻碍我们看清这一机制的最大障碍：我们不仅无法如自己所想的那样控制自己，而且出于某种原因，看到其他人挣扎着对抗无法控制的力量时，我们还会感到愤慨。我们很容易被彼此、被我们开发的系统操纵，导致这种情况发生的因素是持续存在的。

马娅·巴尔·希勒尔（Maya Bar Hillel）曾与阿莫斯·特沃斯基一起求学，她是人类推理误差领域的先驱，现在是耶路撒冷希伯来大学心理学荣誉退休教授。她问我：“为什么我们体验知觉错觉时，会露出微笑，并感到兴奋？”游乐园里的镜子、空心脸，所有这些都令人愉悦。“但如果我们听到认知倾向相关内容，我们却会紧张和警觉！”

她告诉我：“我们所做的一切，不是因为我们愚蠢，而是因为我们是人。”

塞德希尔·穆来纳森（Sendhil Mullainathan）是芝加哥大学计算科学和行为科学教授，他的研究领域甚广，从行为心理学到利用人工智能认识人体各部位癌症等方面都有涉猎，他在贫困导致的认知负担领域做出了开创性的贡献。他揭示出贫困问题比我们所想象的要严重得多，而且还指出我们对在贫困压力下受苦之人的看法是错误和不公正的。

穆来纳森之所以会研究这个主题，部分原因是读了臭名昭著的明尼苏达饥饿研究项目相关资料，这项研究是 1944 年美国卷入第二次世界大战的高峰期时进行的。当时，世界上有大片地区的人民正在挨饿，但很少有人对食物短缺造成的生物和生理影响展开过正式研究。研究人员从 200 多名志愿者中挑选了 36 名男性，这其中的许多人虽然应要求参战，但出于良知拒绝参与暴力活动。选择他们的原因是，在这项研究中，受试者将面临巨大的压力，而他们身心健康，能在压力下协作。

在这项研究中，每个人（全是男性）的体重将减少 25%。前三个月，研究人员每天会给他们提供 3 200 卡路里的食物，主要是土豆、意面、面包等欧洲常见食物。随后，在接下来的六个月里，他们每天只能摄入 1 570 卡路里的热量。受试者们的前后对比照片像一场噩梦，在那个物资紧缺的年代，他们的体型本来就比较瘦削，实验结束后，他们简直瘦得像骷髅一样。在这样艰苦的条件下，他们还不能坐着休息，需要每周步行 22 英里，做体力和文字工作，还要经常参加访谈。负面效应很明显：他们的静息心率减慢，性欲消失；同时据他们反馈，他们还有易怒、抑郁和麻木现象。

此外，穆来纳森还发现了一些微妙变化：饥饿也改变了他们的无意识生活。实验研究人员随手写下的脚注记录了实验期间许多人开始阅读烹饪书籍，而当时鲜有普通男性会读这类书籍，而且对于食用如此少量食物的男性来说，这样做是很痛苦的。这些来自各行各业的男性中有 1/3 的人说，实验结束后，他们打算开一家餐馆。但实验结束后，他们恢复了健康饮食，开餐馆的雄心壮志就烟消云散了。根本没有人开餐馆。

随后，穆来纳森发现，贫困同样会重塑人类的思维。他和同事花了 5 年时间研究贫穷和饥饿如何影响我们的智力和身体。他们发现，正如饥饿让人专注于食物一样，贫穷也会让人专注于金钱。他和其他研究人员一起在杂货店外采访了几百个人，问他们花了多少钱购买袋子里的物品。经济宽裕、能毫不费力购买杂货店商品的人表示不记得花了多少钱，而几乎买不起必需品的人则清楚地记得诸如一管牙膏的价格。他说，这表明过去那种认为持续的贫困是因为懒惰、无计划或其他个人问题的传统推断是错误的。这也表明，穷人的注意力总会被分散。贫困确实对他们造成了伤害。后来，他与心理学家埃尔德·沙菲尔（Eldar Shafir）基于这项研究合著了一本书——《稀缺：我们是如何陷入贫穷与忙碌的》（*Scarcity: Why Having Too Little Means So Much*）。

其他研究人员发现，在我们生活的其他方面，也存在着类似的强大导航机制。布斯学院的行为科学副教授阿努杰·沙阿（Anuj Shah）的一项研究发现，两组人——富人和穷人——从医生那里得到相同的治病方案后，富人一般能清晰地回忆起方案。穷人只记得治疗需要的药物和药片的费用。还记得珀茨尔与奥布祖特的合作以及之后的一切吗？我们的大脑用原始数据合成了一个二手的现实？这项研究还表明，物质富足和物资匮乏的人体验着不同的现实，他们对世界的看法也不同。我们的大脑会因为我们存在未满足的需求而停止思考，但政治辞令、励志书作者和无数流行电影的情节试图说服我们，依靠自己的努力就能够独立生活，而且任何与之相反的主张都是对所有人的背叛。

穆来纳森问我："你永远不会要求明尼苏达研究项目中挨饿的受试者举起重物，对吧？你永远不会因为他做不到而责怪他。那么为什么要因为穷人难以做到某些事情而责怪他们呢？"

以上事例说明，我们的社会能够认识到某些系统会控制我们的行为是多么不可思议的事情。正如贝纳基所说，人类大脑需要接触到大量反事实案例，才能停止将某些品质与特定种族或性别联系起来；我们的社会也需要大量证据，才能将我们的行为归咎于导航系统。只有科学明确证实了这些系统如何与人类生物特性相互作用从而控制我们，我们才能在法庭上证明这一切。

肖恩·戴维（Sean David）14 岁时梦想成为一名医生。他回忆道，自己成长于 20 世纪 70 年代，放学后会看医疗电视剧，"我想成为医学博士马库斯·韦尔比（Marcus Welby）那样的人。"因此，他在大学毕业后找到了一份医院的工作。他成了一名勤杂工，负责在医生手术后清理外科手术室。

他回忆道："我的工作是处理手术室的生物垃圾。用起泡的肥皂拖地板，再用水冲干净，一个房间接一个房间地打扫。矫形手术很粗暴，会用到锤子和锯子，因此手术室有很多残留物。"他努力让自己能够承受近距离接触饱受折磨的病人的心理负担，这样的话，工作内容对他来说还是令人满意的。

1991 年的一天，他正推着水桶到一个个房间，主管找到他并将他带到一边说："你父亲在导管室。"

香烟一直是戴维对父亲记忆的一部分。“我们钓鱼的时候，他抽着烟。我记得他叼着烟，把鱼饵绑在钓线上。这在当时是很常见的场景。”但现在他父亲虚弱地躺在医院里，面色苍白，紧张不安。他入院时胸痛。这是戴维第一次看到他这样。

心脏外科医生告诉戴维和他母亲，戴维的父亲患有心脏病，可能是他几十年吸烟导致的，需要进行搭桥手术。外科医生回到手术室开始手术后，戴维才意识到“我刚刚打扫完那个房间”。

幸运的是，戴维的父亲没有在手术中死去。这段经历让戴维明白了自己想要接受什么医学训练。他说：“很显然，吸烟是致命的。这么多人在第一次心脏病发作后死去。这个事实让我感触颇深，决心进入医学院学习。”从医学院毕业后，戴维开始研究为什么那些表现得很想戒烟的患者根本无法戒烟。

从根本上说，他认为关于烟瘾有几点基本事实，想要戒烟的人一定要了解这些。它完美地利用了我们的认知缺陷。我们第一次在派对外或音乐会后接到别人递的烟时，很难对吸烟的风险有清晰的认识。他说：“人们总是低估吸烟的风险。烟民过早死亡的概率是 50%，每两个人里面就有一个。得肺癌的概率是 1/6。吸烟的风险是巨大的，但不知何故，就连风险都很有吸引力。”他说，人类缺乏的只是真正内化风险并避开这场致命豪赌的能力。

因此，人们需要远离香烟和摆脱烟瘾的宣传，就像香烟销售的宣传一样。他认为：“如果想要戒烟，你必须有一个关键承诺。我们需要开展形成性研究，找出不同受众的动机，因为目前为止我还没见到一场能引起所有人群共鸣的长期公共卫生运动。也许我们可以谈论肺癌，但问题是肺癌幸存者数量不多，因此还没有一个好的宣传团体。”

没有任何自然机制可以直接让人们停止吸烟。戴维说：“人们开始吸烟的时候已经到了生育年龄，所以进化规则无法触及它，也无法消灭它。”香烟的制造——一种消费者技术，只需要便携的包装，就可以持续提供令人满意的体验——是我们发明的一种不受自然选择影响的致命恶习。

这是现代世界的难题。我们发明技术，在此基础上开展新的业务，最终建立整个行业。然而，这些技术和我们从中赚取的金钱通常超过我们对风险回报的理解。它们常常利用我们的心理弱点，明明应该让我们厌恶，却让我们兴奋，并利用市场营销和社会接受度来掩护，突破了人类趋利避害的本能。我们还不了解技术如何控制客户，以及这种操纵如何影响其他所有人，就开始发展相关业务。就香烟而言，1845 年它在法国国家烟草垄断统治下首次进入工业化大规模生产；119 年后，美国卫生部长路德·特里（Luther Terry）发表了一份报告，指出烟草会导致肺癌；又过了 55 年，（2020 年）美国政府才最终宣布年龄低于 21 岁的公民不能买烟。在这么长的时间里，没有与烟民密切接触的人（比如住在与烟民相邻的公寓的人）都慢慢受到了二手烟的毒害。二手烟会影响我们所有人，即使我们并不吸烟。

我们生活在托马斯·弗里德曼（Thomas Friedman）所称的加速时代，数学、计算等领域每天都有新突破，企业家们也在迅速将科学成果产品化。但这种加速是危险的。就像香烟一样，在我们确定它对人类的危害之前，这种最具操纵性、最有害的系统已经不受监管地运营了几代人的时间。

我们在本书前几章中讨论了日新月异的行为科学。这项科学才刚刚起步。不妨这样想：在这个领域，我们还没有得出类似香烟有害健康这种显而易见的结论。因此，可以说我们才刚刚开始揭示各种令人不安的真相，比如我们常常会做出错误判断、对不确定性过度敏感、极度渴望别人的保证、不从失败的经历中吸取教训、情绪化地做出重要决策。其实这些都是我们的认知天赋，这就让问题更复杂了，它们是进化遗传的一部分，在人类历史的绝大部分时间里发挥了重大作用，让人类得以繁衍至今。我们尚未完全理解人类是多么容易被引导和操纵，就开始设计一些能够对人类内部系统产生吸引力的产品。虽然在我看来，一整代人的身心健康毋庸置疑受到了威胁，但我认为资本主义、文化以及每个人对自己命运负责的信念，会让我们无视威胁。

当今的企业家们，包括那些相信开明的企业能够让世界变得更好的企业家，似乎也明白无意识倾向会使我们成为顺从的用户和客户。但他们似乎没有意识到（或许也并不关心），我们几乎全然不知利用这些人类倾向（就算是为了崇高的目标）可能导致的长期影响。我们最多只能测量出明显的、有害的、短期的影响，比如 YouTube 的推荐算法让马克·卡佩塔诺维奇这样的孤独青少年变得激进。但我们根本没有数据或公认的方法来测量可能产生的跨民族、跨代的负面影响。同时，如果我们被操纵，我们会发自内心地拒绝承认这一点，无论我们是视而不见，还是忙于享受产品，抑或是对弱势人群的怨恨蒙蔽了我们的双眼。（我想到明尼苏达项目的受试者在实验结束后，饥肠辘辘地回到建筑工作岗位，尝试着向工头解释，他们无法举起过去举得起的东西。）与此同时，企业会更深刻地理解我们的行为，以及怎样能影响我们的行为。

香烟作为最早公开利用我们无意识行为系统的现代产品之一，正在慢慢受到监管，研究人员也即将弄清楚香烟的影响，这也许能让我们感到些许安慰。但是，虽然人们已经很清楚香烟的致癌性，但并不了解香烟对我们行为的影响。肖恩·戴维现在是斯坦福大学的医生兼研究员，他正在与精神病学家、成瘾问题专家基思·汉弗莱斯（Keith Humphreys）合作，致力于发明新的方法来测量我们对香烟的依赖程度。他们正在寻找成瘾和康复的生物学指征。他们已经发现了一些潜在的基因指征，可能有助于成瘾项目为特定患者量身定制治疗方案。

肖恩和基思的研究成果得益于最新的技术。这也正是我们所需要的。因为虽然香烟对健康的威胁现在已经是医学共识，但医学甚至没有明确方法来测量一个人的上瘾程度和戒烟能力。我们尚未认识到香烟的致命性就开始制造香烟。我们当然不知道如何测量人们上瘾的程度。在这些问题出现之前，烟草行业已经赚了数十亿美元。

我以前喜欢将这些普遍的人类脆弱性归咎于当事人，就像我们经常认为穷人都是自作自受一样。直到 2016 年的一天，我站在旧金山街角，听一个 20 岁出头、名叫帕特里克（Patrick）的人讲述了自己吸食过量海洛因的经历（他没有告诉我他姓什么）。他有一缕稀疏的胡子，如果不是因为他皮肤发灰、脸颊凹陷，我可能会以为他是软件工程师或乐队贝司手。

我和帕特里克在田德隆区（Tenderloin）见面，这里是旧金山海洛因和去氧麻黄碱最泛滥的区域。那年夏天，芬太尼（一种比吗啡强 100 倍的速效阿片类药物）风靡了整个城市。短短三个月内就有近千人因为滥用芬太尼死亡。

我和摄制组在那里拍摄一部关于纳洛酮（Narcan，治疗毒品过量的解毒剂的品牌）的影片，周围弥漫着绝望和紧张的气氛。不断有人透过我们的车窗偷看车里的物品，尽管我们就在车子旁边。时不时有跌跌撞撞的路人大喊大叫，我们必须卡着时间向帕特里克提问，以便他能够在周围安静的时候回答问题。负责“减害”（harm-reduction）项目的经理守在旁边，让偶尔的相对安静时间延长了一些，我们因此得以完成采访。整个场面很紧张。不过帕特里克在交谈中表现得非常放松和真诚，没有任何尴尬或防备，虽然他是在谈论一种几乎置他于死地的药物。

他告诉我：“大概六个月前，我和女朋友当时住在明尼阿波利斯。我在那里得到了一些海洛因，比我在旧金山常用的那种要强效得多。”他的描述方式让我觉得他只是在说被雨淋到了。“我吸食这些海洛因的时候，药物过量了。”

我们停下来等街上比赛一样的叫嚷声结束，然后他回到我们的对话中。

“我完全昏过去了。我没有时间准备，也没有时间自救或是做任何事情。不过幸运的是，我女朋友曾经参加过如何使用纳洛酮的培训。”他充满感恩地摇了摇头，继续说：“在她的帮助下，5—10 分钟后，我醒了过来。”

我在几周时间里与海洛因成瘾者进行了大约十几次谈话，帕特里克是第一个受访者，与他的对话彻底改变了我对成瘾者的印象。他让我想到了我自己，这对我来说是很有帮助的。他和我一样是白人男性，讲话没什么口音。（减害专家一直在抗议，记者们只有在阿片类药物开始杀死与他们相似的人时才意识到危机的严重性，事实确实如此。我也和其他人一样，陷入了循环。）此外，他对海洛因的描述让我开始对它的力量有了清晰的认识：它是一股不可抗拒的力量，就像风暴或潮汐。多年来与海洛因成瘾者的交谈，让我感到他们对这个问题的感受和语言表述都是一样的。这是一种因果关系，就像下雨时你会淋湿一样。

像许多人（可能是大多数人）一样，我在大半辈子的时间里都认为吸食海洛因是一种错误：一种有毒的恶习，其营销手段不知何故容易吸引意志不坚定的人。我想只有没有受过良好教育的人、本身就容易上瘾的人，以及无法控制自己的人才会吸食海洛因。但在与帕特里克的交谈中，我了解到，他有女朋友，还在世界上最昂贵的城市之一有住处，而他却有着可怕的毒瘾。我意识到我可能没有理解他人，甚至没有理解自己，这与我想象的情况不太一样。

我自视甚高，认为自己绝不可能染上毒瘾，并将帕特里克的情况归咎于某种性格问题，从而相信自己不可能陷入这种境地，但这些都是糟糕的误判，也是人类世代追求的生存策略的产物。

进化将我们塑造成一个具有极高自尊心的人，我们非常擅长忽略或合理化我们对他人的谴责。

首先，我们简直乐观到不可思议。1969 年，两位研究人员发表了“波丽安娜假说”（Pollyanna Hypothesis），即人类更容易记住正面信息而非负面信息。2014 年的一项对 10 种语言的 10 万个单词进行的分析表明，在我们使用的单词中，描述好事的单词远远多于描述坏事的单词。

其次，我们喜欢自己的观点。20 世纪 90 年代，社会心理学家乔纳森·海特（Jonathan Haidt）提出了“社会直觉”（Social intuition）理论，该理论认为人们几乎是无意识地形成了对世界的道德直觉，然后反向设计支持这些道德直觉的逻辑系统。他的理论是，我们有意识的道德评判，最终几乎都是在证明自己的直觉是正确的。

最后，我们还会自鸣得意。2004 年，一项对超过 266 个独立研究的荟萃分析（meta-analysis）充分验证了研究人员所说的“自我服务偏见”（self-serving bias）。[1] 当事情按我的想法发展时，大脑就会把功劳都归在我自己身上。反之，大脑就告诉我这是由一些我无法控制的外部因素导致的。（在抑郁症和焦虑症患者中，这种归因通常是反过来的——这是一种可怕的诅咒。）这就是为什么我的第一本能断定我没有对阿片类药物上瘾——我在某种程度上比其他人有更高的道德品质，尽管已经有数百万美国人深受其害。但如果我对它上瘾，我肯定会归咎于毒品、环境和坏运气。同时，你则更倾向于认为我的上瘾是个人问题。如此这般。

所有这些都证明了完美的进化意义。我经常和妻子开玩笑说，也许人类进化树上曾经有一个分支非常善于记忆和讲述生孩子的痛苦。“哇，太可怕了！”我们想象那个分支中的一个女人告诉她的伴侣：“我们再也不生孩子了！”如果真如笑话里所说的，她和同类早就灭绝了。几千年后，世上只剩下我们这些乐观的健忘症患者。（瑞典的一项对 1 300 名妇女的研究发现，少数在分娩过程中经历过最可怕痛苦的妇女能清楚记住这个过程。而没有反馈自己经历过最可怕痛苦的妇女，则在时间的流逝中逐渐淡忘了痛苦的记忆。[2]）

因此我们乐观、健忘又自私地游历世间。这是一套非常有用的特质，至少曾经是这样。但现在它给我们带来了麻烦。这意味着我们有一种内在的免疫力，使我们无法准确地识别和分析我们的现代习惯和渴望——我们无法放下手机去睡个好觉、阿片类药物流行、我们共同的困难和脆弱——以及它们如何定义我们的现代自我。

20 世纪 70 年代，心理学家们开始对我们高度进化的自信的影响展开实验。例如，心理学家理查德·尼斯贝特（Richard Nisbett）发现了“行动者–观察者不对称效应”（actor-observer asymmetry）：我们如何向自己解释自己的行为与我们如何解释他人的行为之间的差异。我要是在见到帕特里克之前知道这一理论就好了。根据尼斯贝特的研究成果，如果我犯了一个错误（我忘了带钥匙！），我就会倾向于将这种行为归咎于我所处的环境（这是疲惫而漫长的一周，而且孩子们在车里等我，谁都会犯这种错）。但如果我在别人身上观察到这种行为（我妻子忘带钥匙！），我倾向于归咎于那个人的性格（我妻子太健忘了，她经常这样）。

在尼斯贝特论文发表后的几年里，心理学家们进行了数十项独立研究，研究结果均支持他的发现，直到另一位名叫伯特伦·马勒（Bertram Malle）的心理学家调查了所有的研究，发现实际情况比这更复杂。当我们给自己描述有意行为时，例如决定买某辆车，会涉及复杂的原因、信仰和欲望。但马勒发现，如果是诸如将自己锁在车外这种无意行为，我们确实可以从中看到“行动者-观察者不对称效应”。

有什么行为能比美国对吸毒成瘾的态度更符合“行动者-观察者不对称效应”呢？在美国，每年开出的阿片类止痛药处方够给每个成年人一瓶药。这些药丸的化学作用和你在街头买的海洛因一样。再加上福利改革、医疗事故法和掠夺式营销等复杂的因素组合在一起，成千上万的人发现自己无意中对药物产生了依赖。然后，同样也在无意之中，也许他们的处方用完了，也许他们买不起合法药物了，最终他们会落入海洛因或是街头药片的魔爪。

然而大多数人，不管是父母还是总统，他们对吸毒成瘾的态度就跟我大半辈子以来一直认同的那样：这是性格问题。但如果我们了解一下习惯形成和说服力领域的科学知识，就会知道情况并非如此。

大脑的内部强迫机制，加上我们对它的包装会让我们的自我感觉更好一些，这使得营销有机可乘，即基于人类的无意识决策系统和合理化无意识选择的方式，设计营销策略，从而让人们陷入其中。这些机制非常强大，但大多并未经过审查，它们是推动资本主义发展的一部分。市场营销和说服力领域的顶尖人士通常是研究这些机制出身的。

1965 年，罗伯特·西奥迪尼（Robert Cialdini）在威斯康星大学读本科，他对蚯蚓做着可怕的实验。然后，西奥迪尼的人性突然复苏了。但这并不是出于他对无脊椎动物的同情——每当他说起为了科学折磨蠕虫，就像说起其他工作一样充满热情——而是因为另一种情感。“当时我深深倾慕着玛丽莲·拉宾斯基（Marilyn Rapinski），她正在上一门社会心理学课。她旁边有一个空座位，我就坐在那里。”西奥迪尼很快就被这门课吸引了，后来又去读研深造。这段校园暗恋让西奥迪尼最终成为说服力领域的专家并且享誉全球，他的著作以 36 种语言出版。

读研的时候，西奥迪尼很快厌倦了那种老派方法论。“我和大二学生在校园里的行事方式，仅仅局限于这个特定的环境，并不能代表外部世界中最关键的影响因素。因此，我决定去看看专业人士在做什么。”西奥迪尼开始了一场奇怪的三年之旅，深入了解了美国社会上的那些圈套。“我申请参加了各种销售培训课程。我学会了卖二手车、在电话里推销肖像摄影、挨家挨户卖百科全书等。”他开始发现，这些课程中教的很多战术都是垃圾。但无论在哪个行业，有效的基本原则都是一致的，因此他开始总结这些原则。

他的《影响力》（*Influence*）一书仍然是迄今为止最受读者欢迎的商业书籍之一。书中提出，任何成功的宣传都绕不开以下六个原则：互惠（“来拿一个免费的样品”）、承诺和一致（“你在这个过程中投入了太多，现在不要放弃”）、社会认同（“这本书是我们的畅销书，人人都喜欢它”）、权威（“JD Power 说这是最划算的买卖”）、喜好（“你有美满的家庭”）、稀缺（“这是最后一个了！”）。

营销、销售领域的读者们如饥似渴地阅读西奥迪尼的作品，不断有跨国公司、政府邀请他出任顾问，不一而足。研究人类行为和决策的学者也会引用他的研究成果。2008 年发表在《科学》（*Science*）杂志上的一篇论文探讨了“破窗理论”（broken windows theory），该理论认为看到紊乱迹象的人打破规则的可能性更大。这篇论文由荷兰社会心理学家们所著，文章从一个公认的观点入手，即如果将要求人们不要做某事（如乱扔垃圾）的告示张贴在一个还没有人做过这件事的环境中（一个干净、没有垃圾的公园）会更有效，最终得出了他们的研究结论。论文的作者写道：“为了表达对首次提出这一观点的人的敬意，我们称之为西奥迪尼效应。”

甚至西奥迪尼的成功模式也为他的研究提供了有用的素材。最近泰国出版商开始印刷他的书。他在波兰心理学期刊上发表过论文。他创办的名为 Influence at Work 的咨询公司还曾为英国政府制定了税收策略。他的研究成果似乎具有普遍性，适用于不同的文化。不管是老牌企业，还是新兴企业都借鉴了他的研究成果。那些关于提高社交媒体运营效率、扩大邮件营销影响范围，以及提高网店销售额的文章，常常会提到《影响力》一书和他的六大原则。西奥迪尼说：“但这本书出版的时候，还没有互联网，也没有电子商务。这些就是对我的理论的验证。”

我问西奥迪尼是否担心自己无意中公布了本质上相当于操纵

人类的用户手册。他说他并不这么认为。西奥迪尼说，他试图让我们对这些伎俩免疫。他说，广泛传播这些观念是很有意义的，这样人们就可以预警操纵行为。

但似乎没有产生他预期的效果，原因有二。一方面，他的客户是市场营销行业人士，并不是只求自保的普通人，他们不需要阅读经过同行评议的期刊，也无须思考利用人类古老思维模式来销售现代产品的伦理问题。另一方面，更重要的是，预警似乎对我们用处不大。钟情饮酒 25 年之后，我戒了酒，尽管我非常清楚喝酒会引发睡眠不好和情绪低落的恶性循环，最终使我陷入可怕的抑郁，但无论何时，只要我身边有酒，我仍然会被它吸引。各种感觉会勾起我关于酒精的回忆，让我难以抗拒。昏暗的灯光下，坐在吧台拐角靠近墙壁的位置，从这个角度可以看到酒保在工作。加冰的曼哈顿鸡尾酒带来微微刺痛。喝完后，用牙签将酒杯中黑乎乎的、浸满了酒的樱桃挑出来。我明白了，像我这样的人根本不应该再踏进酒吧。

南加州大学的心理学家温迪·伍德（Wendy Wood）曾在学校附近的一家墨西哥小餐馆前为我解释过这种现象。伍德的研究课题是人们如何养成好习惯和坏习惯，她试图向我解释为什么我看到墨西哥小餐馆，闻到它的气味后，就会在点单时提出同样的要求：墨西哥卷饼、鳄梨酱、不加酸奶油。她告诉我："我们将很多决策外包给我们生活的环境。"从前，这并不是弱点，而是进化优势。我们只需简单跟随周围环境的线索，就可以快速逃离熊的追赶，发现外来者，摘下水果。（"咆哮声！陌生人！啊，闪亮的浆果！”）这种方式帮我们节省了大量时间，并且大大减少了使用认知能力的频率，让我们得以存活下来。但在现代生活中，同样的“大脑电路”让像我这样曾经喝酒的人在每次走过酒吧昏暗的门口时都会进入艰难的自我评估之旅。它也会向你的大脑传递各种信号。每当这些信号到达的时候——正如情绪、本能、直觉所告诉你的——我们会评估这些信号本身，而不是权衡实际决策的利弊。

事实上，科学已经开始证明，一旦我们让情绪为我们做出选择，我们的无意识决策系统就会越发令人无法抗拒。早在20世纪80年代，拉斯维加斯市政府就曾咨询过保罗·斯洛维奇，如果知道联邦政府在约80英里外的尤卡山建了全国最大的核废料储存库，那么前往这个罪恶之城的潜在游客是否仍想来这里参加派对和赌博。

斯洛维奇说：“一开始我以为可以直接问人们‘嘿，如果我们建了核废料库，你还会来吗？’，但我很快发现你不能相信他们的答案。”他们的反应是本能的、情绪驱动的，完全没有体现出任何对风险的理性分析。他发现，无论如何向游客保证，一旦他们知道尤卡山就在附近，他们就会将拉斯维加斯与核废料紧紧联系在一起。“只要你在同一句话中提到核废料和拉斯维加斯，他们马上会说‘不，我再也不会去了’。”

与此同时，斯洛维奇找到了烟草行业的早期文件，文件中谈到该行业雇用的科学家们也曾得出过类似结论。他说：“开展了相关研究的顾问们对他们说‘把那些选择该品牌香烟的客观原因统统扔到一边’。”相反，“想象一下，在美丽的环境中，伴着你的香烟做着令人兴奋的事情，让它充满美好的感觉。”让人们将某品牌香烟与正向情感联系起来，其广告效果远胜于任何分析判断。而与核废料相关的负面情感则在游客心目中占据了压倒性的地位，他们因此很难相信有关拉斯维加斯的正面信息。

斯洛维奇认为，我每次点同样的墨西哥卷饼都会用到古老的本能系统，它实际上非常有用。它让人类物种得以繁衍至今。我们每天大部分时间都会用到它。斯洛维奇说：“大多数时候，我们都是利用感觉和经验系统来完成任务的，而且它们做得很好。”但他说，它也有重大缺陷，“这个非常老练的系统无法计算”。如果我们接收的信息是关于现代抽象风险的，比如拉斯维加斯到尤卡山的距离、吸烟导致癌症的统计概率、视线之外的事物，我们会试图用一个基于情感和本能的系统，这个系统是我们过去用来避开蜘蛛和采摘浆果的。斯洛维奇说，更关键的是，如今企业越来越多地借鉴了像西奥迪尼的行为研究这样的知识，这样一来我们的古老系统很容易被操纵。他说：“如果企业越来越熟悉系统 1 和系统 2 的机制，目前看来情况也确实如此，人们会利用它达到自己的目的，那么我们的同理心、我们的感觉系统将被劫持。”

它们具体利用了哪些人类本能来操纵我们？是如何切入的？早在 20 世纪 70 年代，卡尼曼和特沃斯基就在研究一种新概念，用来量化人类面临风险和不确定性时的本能反应。

在 1979 年的论文《前景理论：风险下的决策分析》（*Prospect Theory: An Analysis of Decision Under Risk*）中，卡尼曼和特沃斯基发现了一种人类倾向，这种倾向颠覆了学界几十年来对风险分析的认识。他们从理论上说明了，人类并不是充分考虑了好事和坏事发生的直接概率后进行理性决策，如果用函数表现人类对得失的衡量，我们可以绘制出一条奇怪的函数曲线：我们厌恶损失，即使对于从统计角度来看赢面大的赌博也非常谨慎，我们愿意做任何事情来消除哪怕一点点的不确定性。斯洛维奇将以此为切入点，随后他还介绍了我们将决策事项外包给情感系统来处理的行为。

卡尼曼和特沃斯基提出了一个很难的问题，引发受试者表现出这种倾向。

从以下两个选项中选择其一：

（A）有 50% 的机会赢得 1 000 美元；

（B）肯定可以赢得 450 美元。

他们发现，来自世界各地（以色列、瑞典和美国）的绝大多数受试者选择了确定的选项，尽管从统计上看，第一个选项带来的收益更高。随着科研事业的推进，卡尼曼和特沃斯基发现，这种倾向可见于各种人类非理性行为中。

就我个人而言，我现在可以理解人类对不确定性的厌恶和糟糕的应对方式。我热爱冲浪，但水平不高，所以经常得说服自己进入黑暗寒冷的海域，在那里一个浪打过来就完全看不到面前的一切。在海里我有各种各样的恐惧：溺水、被冲浪板打伤、在大浪中扭伤背部（我的一个朋友就遭遇过这种事情），但出于某种原因，鲨鱼是我最深的恐惧。在美国，遭遇鲨鱼袭击的概率低得惊人，每年不超过 16 起，每两年最多造成两人死亡。即使我每天在海里待上一两个小时，我被鲨鱼袭击的概率也比在纽约被自动售货机压死或是因香槟瓶塞窒息而死的概率要小。我每年去海边冲浪几次，每次我都会本能地盯着周围任何圆形上升流的踪迹，我总觉得水柱是被快速浮出水面的鲨鱼推出来的。每次冲浪期间我都会好几次陷入惊慌，想象着有一头巨大的动物，它的肚子可以装下一个人，里面满是刀子，它咬住我把我拽到水下。这就是为什么我已经无意识地下定决心永远不要看水下的东西。无论是被海浪拍到水下，还是从冲浪板上摔下来，一旦沉到水下，我都会猛地闭上眼睛，浮上水面后，我会拼命抓住冲浪板，与恐慌作斗争。这是我的大脑努力与恐惧进行的谈判，为了消除我所处环境中的不确定性。

正如经济学家理查德·泰勒（Richard Thaler）告诉我的那样，这种对不确定性的恐惧，以及用空洞的姿态寻找安慰的倾向，现在是许多行业的基础。泰勒将卡尼曼和特沃斯基的前景理论延展到了新的领域，因此获得了诺贝尔奖。他提出过许多概念，如禀赋效应（Endowment Effect），即同样的两个物品，我对自己那个的价值评价要比另外一个高得多。泰勒与法律学者凯斯·桑斯坦（Cass Sunstein）一起首次提出了“助推”的概念，即在系统中加入精细设计的功能，温和地引导我们做出有益于自己的选择。例如，十年前，企业一般会要求新员工选择是否加入 401K 计划[①]，但在泰勒研究成果的影响下，目前已经形成了一个新的标准：现在大多数大公司都会自动为员工注册 401K 计划，这大大增加了为退休

① 401K 计划，也称为 401K 条款，是指美国 1978 年《国内税收法》第 401 条 K 项的规定。该条款适用于私人公司，为雇主和雇员的养老金存款提供税收方面的优惠。

储蓄的人数。（这项工作非常成功，以至于英国成立了一个专门的政府机构——助推小组，该机构致力于研究和实施提高英国人生活水平的策略。）

人类对不确定性的过度敏感让泰勒感到失望。我们一起坐在他任教的芝加哥大学布斯学院的中庭，他向我介绍他们的发现：人类在概率方面简直糟糕透顶。他说："事实上，普通人能处理的概率只有五种。你知道是哪五种吗？"

我耸耸肩。

他笑道："分别是99%、1%、100%、0、50–50。就这些。"

"我们会尽一切努力将99%提高到100%。"他一边说，一边侧向一台打开的笔记本电脑。我们坐在一起，翻阅一页又一页的网站，这些网站为人们网购的各种物品提供保险。例如，我们看到一个挂件，它的价格是34.99美元，但只要多花35美元，就可以让第三方公司给它办理丢失、盗窃保险。泰勒说："你还不如再买一个！这一定是最愚蠢的保险。"

但让他特别恼火的是旅行保险。在2015年《纽约时报》的一篇专栏文章中，他抨击了这样一个事实，即像联合航空这样的航空公司，如果旅客不主动要求取消旅行保险，则会默认购买，即使在购买可退全款的机票时也是如此。从更广泛的意义上说，他反对的是这样一种观点，即罗伯特·席勒（Robert Shiller）和乔治·阿克洛夫（George Akerlof）在其2015年出版的《钓愚》（*Phishing for Phools*）一书中称为"网络钓鱼"的邪恶助推手段正在被私营企业利用。批评他和桑斯坦的人提出，推动我们做出更好决定的政府政策是家长式的，甚至可能是无意识的独裁。不过他又写道，人们可以评价代议制政府的工作。可如果一种操纵策略让一家公司赚钱，不仅我们不能投票让该公司下台，而且它的竞争对手也可能效仿。

我们往往对概率视若无睹，加之无法把握当前形势的真实风险，这意味着如果我们把头埋在水下，就不会意识到我们面临的真正风险。

游戏成瘾与行为失控

2021 年，我与凯瑟琳·威尔金森（Kathleen Wilkinson）交谈时，对这种机制的体会最为强烈。威尔金森在威斯康星州的普雷里德欣生活了 43 年。这个小镇在爱好打猎和钓鱼的游客中很受欢迎，也有人喜欢来这里参加父亲节周末集会，集会时这里到处都是鹿皮服装和鹿角杯，重现了普雷里德欣作为毛皮交易大本营的历史。但这个密西西比河与威斯康星河交汇的小镇对威尔金森来说不是一个快乐的地方。她在那里经历了 24 年不幸的婚姻生活。2016 年，作为医疗技术员，她在工作中脊柱受伤，这让她更加封闭自己。最后，眼看着母亲的房子被用来偿还家人的赌债时，她决定离开。

威尔金森的第一任丈夫意外地促成了她的离开。他为她注册了一个交友网站，这是一种扭曲的电子控制行为。有一天，她收到了一条信息，上面只写着“你好”。

威尔金森回忆道：“我看到一张照片，一个可爱的金发蓝眼睛男子坐在轮椅上，周围是雪。”她回信了，很快他们开始定期联系。“那个人现在是我的丈夫。”

现在，威尔金森和丈夫还有他的父亲一起居住在蒙大拿州山区，在冰川国家公园边上的卡利斯佩尔。她说，这里简直是天堂，但她还未摆脱从威斯康星随她而来的那股邪恶冲动。事情回溯到她在普雷里德欣的日子，那时她因脊椎受伤卧床，她在 Facebook 上看到了一个弹出窗口，是一个游戏。她回忆说："这个游戏看起来很有趣，所以我点进去玩了。"

该游戏被业内人士称为社交赌场 App，它将经典赌场游戏——老虎机、扑克、二十一点——与玩家之间的消息、语音、视频互动相结合，通常还可以组建团队和俱乐部。开发这些游戏的公司，或者是这类公司旗下的公司，一般拥有和经营现实世界中的赌场。对社交娱乐场业务的早期研究发现，有证据表明，线上游戏玩家有时会转到线下玩现实世界中的游戏，[3] 这使其成为传统赌场业务的"获客"策略。但这些公司不需要最终将玩家带到真正的赌场。事实证明，对于永远不会走到老虎机或发牌人面前的人来说，社交赌场游戏也会让他们高度上瘾，并花费巨额费用。随着新冠病毒疫情的到来，这些公司发现，虽然线下赌场业务受到了影响，但线上赌博 App 却蓬勃发展。

新冠病毒疫情来袭时，威尔金森已经无法摆脱赌瘾了。她记得自己曾告诉丈夫，她认为自己可能有赌瘾。她无法停止玩这个小游戏。但你不是在赌真的钱，他安慰她。那不是赌博。

如果她有机会去问成瘾和机器赌博方面的专家，那么她可能会了解到真相，不过这也不会让情况有什么改善。纽约大学副教授娜塔莎·道·舒尔（Natasha Dow Schüll）花了 20 年时间调研了老虎机玩家、老虎机厂商的高管和设计师，以及苦苦寻找适用于赌博的法律框架的监管机构，她在 2012 年写了一本书《运气的诱饵：拉斯维加斯的赌博设计与失控的机器人生》（*Addiction by Design: Machine Gambling in Las Vegas*）。她说："我花了很长时间才真正了解到，赌徒不是为了赢钱，而是为了消磨时间。而且恰恰相反，赢得意外之财会让他们体验变差。赌徒们常常跟我说，'我赢到大笔钱时会感到恼怒、沮丧，有时还会生气'。"

她开始意识到："他们未必是为了赢很多钱，只是不想停下来而已。所以他们坐在那里是为了逃避，他们把那里称为'机器区域'。在这个区域里，时间和金钱都不复存在。你可以只与机器为伴。"

她发现，这个忘我的区域是整个游戏行业的基石。以前，老虎机是一种快速娱乐消遣的机器，你可以投一个 25 美分硬币玩一把就走，或者稍微阔气一点，就是会感觉有点傻。舒尔指出："老式老虎机前面甚至没有座位，现在就不是这样了。现在的老虎机前面有人体工学座椅，为的就是让你花很多时间坐在那里，而且完全意识不到坐在那儿就是在赔钱。"

她说："人类大脑的设定中有某种东西使我们或多或少喜欢进入这个忘我的区域。我和非常理性的人讨论过这个问题，他们会给我看他们的银行对账单。对账单中有一整页的取款记录，每 20 分钟取一次，每两个小时取一次，接下来的 30 分钟依次取款 100

美元、20 美元、20 美元、40 美元。很明显，在其他情况下，理性的人每次取钱时都是出于新的想法，而没有意识到这不是正确的做法。”她说，行业对此有一个衡量标准，叫作“机上时间”（Time on device，简称 T.O.D.），这已成为机器游戏公司衡量成功的方式。“T.O.D. 确实是该行业的收入标准。”

舒尔指出，如果我们想量化这些产品对人类大脑的影响，其实已经有相关的数据了，如果我们有传唤权就可以获得这些数据。目前的迹象表明这是有可能实现的。例如，在马萨诸塞州，2011 年的一项法律允许商业赌场运营商在该州开设三家赌场和一家老虎机游戏厅，其中第 97 条条款常常被忽略，这是舒尔提出的，令她感到吃惊的是立法者通过了这一条款，部分内容如下。

> 游戏运营者应向马萨诸塞州游戏管理委员会提供……由忠诚度程序、玩家跟踪软件、玩家卡系统、在线赌博交易和任何其他此类信息系统收集或生成的用户跟踪数据……委员会应将匿名数据传送给研究机构，机构应向符合资格要求的研究人员提供数据。[4]

我们将会一次又一次看到，在反抗行为塑造技术的过程中，有一点是比较乐观的，那就是如果像这样的公司利用数据来对我们下手，那么关于我们的倾向，以及这些倾向在公司的算法和策略中是如何表现的等数据在法庭上就可以拿到。舒尔说，如果立法者真的强制游戏公司提供他们用来跟踪玩家行为的数据，那么我们就能知道他们对老虎机和牌桌上的玩家的想法和决策有多了解。“在这些公司用尽全力收集的数据中，肯定可以看到成瘾的特征。”

她是怎么知道的？早在 2011 年，舒尔就发现了一家名为 iView 的加拿大公司，该公司利用萨斯喀彻温省赌场两年半的玩家数据开发了一种算法，用于实时检测问题赌徒。这个系统用尽了赌场寻找上瘾玩家的所有手段，不过这次是为了让他们从这种状态中解脱出来。iView 软件记录了影响玩家行为的 500 个变量，从玩过的机器数量到一周中的哪几天去赌场，并计算了风险分数。再将该分数与有经验的赌场工作人员的现场观察进行比对，可以确定该系统在识别失控的人方面准确率达到了 95%。一旦识别出失控的玩家，就会停止发送广告给他，冻结他的充值卡，赌场的人脸识别系统会将他标记起来作为风险预警信息并发送给赌场经理。

如果不是身临其境，听到这样的故事，你可能只会摇摇头，为那些在游戏场上损失惨重的可怜灵魂哀叹。但舒尔等人多年来一直试图告诉我们的是，沉迷老虎机或扑克与沉迷手机游戏没有区别。

游戏厂商肯定会辩称这两者差异巨大：真金白银的赌博是受到高度监管的活动。不涉及金钱的游戏不应该被称为赌博。

凯瑟琳·威尔金森正在玩的游戏名叫 *DoubleDown Casino*，游戏中的虚拟币并不能兑现。对于社交类的赌博游戏来说，人们只能往游戏中充值以获取更长的游戏时间、与朋友交流的机会，以及玩更高的关卡。起初，威尔金森只是将游戏当作排遣孤独的方式，她花了 2.99 美元与游戏中的朋友交流，这看起来就是花点小钱找找乐子，获得虚拟陪伴。

当她告诉丈夫她对自己失控行为的担忧时，她已经不知道自己到底在游戏上花了多少钱。他们仔细算了一下，发现这四年中她大概花了 5 万美元在游戏上。威尔金森计划退休后在蒙大拿州照顾丈夫。但她现在意识到，她必须拖着受伤的身体工作，直到他们共同生活的最后阶段。她强忍着眼泪告诉我："我真希望我没有花掉那笔钱。因为我担心不能照顾我的丈夫，我现在没有收入。我只是希望他们能做点好事，把钱还给我。"

威尔金森是针对 DoubleDown Interactive 公司的集体诉讼的原告之一。大多数人听我说起这一事件后会置之一笑，然后嘲笑原告们缺乏判断力。"有问题的是在这些 App 上浪费钱的人，而不是 App 厂商。"一位退休医生在我发表了对凯瑟琳·威尔金森的采访后写信跟我说。

但事实证明，世界上有很多像威尔金森这样的人，而这些公司则竭尽全力地寻找他们。事实上，据威尔金森的律师所说，美国有数千人在这些游戏上花费了 1 万—40 万美元。威尔金森的律师杰伊·埃德尔森（Jay Edelson）说："社交类赌场 App 定位于最容易上瘾的人群，拿走他们毕生的积蓄。这些人并不富裕。他们不是迈克尔·乔丹（Michael Jordan），如果乔丹赌博输掉 200 万美元，他只会感叹这是个糟糕的夜晚，然后并不会当回事。这些人都是普通人，他们努力工作，攒够了钱准备退休。然后却被卷入了这个无人真正关注的世界。”

我亲眼见到了这个世界，以及它背后的逻辑。这就是它的样子。

人类无法控制自己的选择

距离帕特里克向我讲述他服用过量海洛因的经历几个月后，我应邀参加了旧金山其他地方的一个非正式晚宴，该晚宴是由一个自称 BTech（全称是 Behavioral Tech）的团体举办的。这个聚会每月举行，参与的人包括一些年轻的神经科学家、行为经济学家和在科技行业工作的人类决策专家。那天晚上大概有 15 人参加，其中有一位来自 Lyft 公司的人、一位来自 Fitbit 公司的人、一款金融咨询聊天机器人的创始人，以及斯坦福大学的 MBA 尼尔·埃亚尔（Nir Eyal）。埃亚尔曾经出售过两家公司，还写过一本畅销书《上瘾：让用户养成使用习惯的四大产品逻辑》（*Hook: How to Build Habition Forming Products*），他现在是一位顾问，我们所在的这栋曾是商店的白色大楼就是他的。之前我给他们写过信，告诉他们我正在写一本书，他们说的话可能会出现在书中。我们听两位新毕业的神经科学博士 T. 多尔顿·库姆斯（T. Dalton Combs）和拉姆西·布朗（Ramsay Brown）谈论他们的公司——多巴胺实验室（Dopamine Labs），该公司销售关于多巴胺释放的学术知识，让 App 更能诱人上瘾。那天晚上，他们在那里谈论这项业务的市场潜力，并推销他们的服务。

当晚开场的是库姆斯和布朗，他们展示了自己开发的一款名为 Space 的 App，它可以在人们打开社交媒体 App 前强制插入几秒钟的“正念”，从而影响人们对这类 App 的反馈循环。但到聚会结束时，显而易见的是，他们很乐意向几乎任何一家公司销售同样的观念。正如库姆斯告诉我们的那样，人类思维的伟大之处在于，如果你能操纵某些人的习惯，他们的意识将创造一个完整的故事，帮你解释为什么要哄骗他们改变行为，就像这一直是他们的想法一样。他告诉我们，这使得他们所谓的“行为设计”变得如此简单。

现在我想说，这个房间充满了美好的愿景。许多 App 都与健身、省钱和健康饮食计划有关。大家以一种开放的方式来讨论神经科学、行为改变和习惯形成。当该团体的一名成员问多巴胺实验室的创始人，是否有他们不愿意为之服务的公司时，库姆斯说：“我们认为我们不应该成为互联网思想警察。”

多巴胺实验室演讲报告的主题是，企业可以使用我们固有的习惯系统——这和卡尼曼、特沃斯基和斯洛维奇等人的研究成果是一回事。库姆斯和布朗将其描述为一系列诱因、行动、反馈和奖励，可以像拉动杠杆驱动起重机一样操纵它们——让人们在 App 上留下自己的信息。这些人试图知道如何操纵用户的习惯，或是更可怕的是直接给用户创造新的习惯。最后我们谈到了吸毒成瘾。

库姆斯在报告中提到，人类是在情景触发下形成习惯。“如果你带着一个已经戒毒的吸毒者，我们假设他曾在夜总会吸食可卡因。”他确认了一下我们是否在认真听他讲话。人们放下了手中的叉子和啤酒瓶。“假设你把他带到夜总会，给他看小苏打，甚至就算你已经告诉他这是小苏打。他仍然想吸一条小苏打。”（我现在明白了，这个人就像是在墨西哥小餐馆外面的我。这也是在任何一个昏暗的木质酒吧里的我。）

房间里有人提问，是否每个人都同样容易染上毒瘾。听到这里我松了一口气，终于有人提出这个问题了。毕竟关于人类思维的一般机制以及如何利用它们这个话题，我们已经讨论了近三个小时。在这一点上，人们似乎都意识到了我们已经进入了实战演习。我们显然已经开始挑战行为设计的道德界限。但不知何故，当时房间里的人将自己放在了比玩那些 App 的普通人更高的高度，简单粗暴地将我们放在水平线以上，与其他人区分开来。埃亚尔做了一个全面总结。“老实说，这间屋子里的人不会染上毒瘾。就算你注射了 100 次海洛因”——他指着库姆斯，然后又指向在房间的其他人——“你们也不会上瘾。”他似乎完全相信这一点，继续说：“除非你有某种深层次的痛苦，但这不可能发生。”

我并没有分享我的观点——几乎任何注射海洛因 100 次的哺乳动物都有上瘾的可能，但我向他提到，如今阿片类药物过量导致的死亡人数超过了车祸，在当时，车祸是美国意外伤害致死的头号原因，而现在各行各业的人都以美国历史上前所未有的速度对阿片类药物上瘾。但他完全不为所动。他平静地告诉我：“染上毒瘾的人是因为他们的生活很痛苦。他们参加过战争，或者有其他创伤，这就是他们上瘾的原因。只有 2%~5% 的人会上瘾。”叉子和瓶子的声音又响起来了。

在我见到他们几个月后，库姆斯和布朗上了《60分钟》（*60 Minutes*）节目，不久之后，他们将公司更名为Boundless Mind。很快，阿里安娜·赫芬顿（Arianna Huffington）的Thrive Global公司收购了他们的公司，库姆斯在2020年10月之前一直担任行为科学主管。他现在经营着一家健身公司。他的领英（LinkedIn）个人资料中没有提到多巴胺实验室。

埃亚尔接着写了一本书，名为《不可打扰：不分心的行为科学与习惯训练》（*Indistractable: How to Control Your Attention and Choose Your Life*）。对于曾写过名为《上瘾》的营销手册的人来说，这似乎是一个巨大转变，但事实并非如此。他在《不可打扰》一书中的论点是，自律取决于个人，技术不会让人上瘾，我们应该自我控制，而不是寄希望于监管。他用自己对心理学的理解，构建和推销大量关于说服力和习惯养成的策略。然而，他在某种程度上说服了自己——而且似乎也说服了当晚在场的大多数人——发明这项技术的人不知何故不仅能够抵制我们刚刚花了一晚上建立的大脑的一种古老倾向，而且对这个小群体来说，推出这些利用别人无意识倾向的产品完全没有什么问题。埃亚尔在2019年的播客节目中告诉埃兹拉·克莱因（Ezra Klein）："世界正在分为两类人：一类人允许自己的注意力被他人操纵和控制；另一类人则站起来说'不，我是不可控制的。我是按照自己的意愿在生活'。"

听多巴胺实验室演讲报告和埃亚尔理论的那晚，我还没有见过罗伯特·西奥迪尼和保罗·斯洛维奇。我也没有见过温迪·伍德，此后过了一年，她与商业教授卢卡斯·卡登（Lucas Carden）在 2018 年共同发表了关于习惯养成的文献综述。在这篇文献综述中，他们回顾了这个领域的研究成果，并得出结论：人们无法控制自己的选择。伍德和卡登将我们易于形成无意识惯性联想的特性（闻到烧烤的香味就想点汉堡；在门口脱掉工作鞋后就想喝下班后的第一杯啤酒）与不可阻挡的激流之间进行了对比。他们写道，诀窍是不要下水。“我们现在知道，自我控制涉及除意志力之外的很多反应。为了达到目的，自控力强的人会提前预测、避免陷入自控的挣扎，借此发起进攻，而不是被动防守。”[5]

当我和年轻企业家坐在一起认真讨论上瘾和设计的伦理问题时，我还没有见过凯瑟琳·威尔金森，一次无心之失让威尔金森迷失了自己，赔上了她和丈夫最后的岁月；我还没有看到人们将我们的古老本能用于情感塑造和决策指导系统，从中获得巨大的利润；我还没有发现，我们的潜意识倾向正在被放大、塑造和改变，以获取利润，有时是偶然的，有时甚至是故意的。但即使在那时，我也被那天晚上听到的对话吓到了，现在我了解了这些之后仍然如此。

第六章

循规蹈矩的生活

通过前面几章，我们已经了解到第一个循环的工作机制，无意识的决策引导着如此多的人类行为。我们也已经开始探讨第二个循环，即技术型企业正在对我们的无意识决策进行采样，并且反过来作用于我们。作为循环的一部分，我想后退一步，站在旁观者的角度，看看我们是如何利用这些操纵性技术的，以及为什么我们如此轻信它们和它们给出的指导。

柏林空运

实际上，在人类历史上，我们也曾经让导航系统直接指导我们的生活。导航系统起初是作为拯救生命的技术出现的。

第二次世界大战结束至20世纪80年代，美国兰德公司（RAND Corporation）、考尔斯研究与经济委员会（Cowles Commission for Research and Economics）、斯坦福大学行为科学高级研究中心（我曾在那里呆过一年，虽然我对这段历史一无所知）等机构吸引了来自美国各地大学的聪明的年轻思想家，他们一起研究这个时代最紧迫的任务：如何避免核战争。保罗·埃里克森（Paul Erickson）、朱迪·L. 克莱因（Judy L. Klein）、洛琳·达斯顿（Lorraine Daston）、丽贝卡·莱莫夫（Rebecca Lemov）、托马斯·斯图姆（Thomas Sturm）和迈克尔·D. 戈丁（Michael D. Gordin）合著了一本名为《理性如何几乎失去理智》（*How Reason Almost Lost Its Mind*）的书，这本精彩的著作描绘了一段漫长又古怪的岁月，当时的思想家们以“冷战理性主义”为旗帜，牢牢控制了军事领导层、学者、政治理论家们。未来世界可能会被模式识别技术所统治，我们应该好好研究这一段历史。

这项技术在诞生之初应用于军队后勤，并成功地挽救了许多人的生命。1948 年春，美国、法国和英国军队达成协议分区占领了战败的柏林，它们与同样驻扎在此的苏联军队之间的紧张局势不断升级，苏联军队对西方军队的监视越来越密切。根据雅尔塔会议和波茨坦会议的条款，柏林被苏占区包围着，而这座城市被分成了四部分。美国和英国宣布将合并他们所占领的区域，法国也很快跟进。盟国宣布在他们占领的区域发行新的货币，这将使苏联支持的货币贬值，此时，苏联对盟国占领区的航空、铁路和公路交通实行封锁，并切断了电力，他们计划坐等饥饿的盟国军队自己退出柏林。

但事与愿违，1948 年 6 月 26 日，在美国人的共同指挥下，英国皇家空军（RAF）和美国空军（USAF）的飞机开始呼啸着进出西柏林的加托机场和滕珀尔霍夫机场，飞机上满载着食物和补给。

这一天，第一架运输飞机进入了柏林，随后在长达一年多的时间里，柏林上空进行了近30万次的飞行。飞行员们严格遵守流程，按照规定的高度飞行，在精确绘制的空中走廊上来回航行，在地面上精准滑行，他们成功地为整个城市打造了一个不间断的救生循环系统。航班、卸货和装货都非常高效，每62秒就有一架飞机在柏林降落。苏联人曾以为，如果没有火车和卡车，盟军占领的那一半柏林区域的人就会挨饿。但他们的愿望落空了，不到11个月苏联就同意了解除封锁，四国外交部长得以坐下来谈判。

柏林空运是一个基于规则的革命性系统，拯救了整个城市，打破了苏联封锁，启动了冷战理性主义。这是美国政府关注的新热点，它源于美国军方内部的一场运动，第二次世界大战加速了这场运动，即利用计算资源和数据分析来创造新的效率和战略。五角大楼的数学家们启动了科学计算程序优化项目（Scientific Computation of Optimum Programs，简称SCOOP项目），旨在利用当时的穿孔卡片技术来开发新的数据驱动系统。正如埃里克森、克莱因及其合著者所说的，SCOOP项目团队“巧妙地设计了一种算法，用方程组推算出经济上合理的决策，该方程中有一个最大化目标函数，例如运送到柏林的物资的总重量。”但由于他们当时还没有执行这种算法所需的算力，“SCOOP项目能够确定的唯一最佳方案是，能满足一个70公斤的、活跃的、居住在城市的经济学家基本营养需求的最低成本饮食方案。”[1]这个系统必须朝着最简单可行的目标努力，即SCOOP项目中普通人的卡路里需求，这个目标函数很原始，但已经足够令人满意了。

SCOOP 项目及其在柏林的成功应用在某种程度上推动了理性主义新领域的爆发。经济学家赫伯特·西蒙（Herbert Simon）、数学家阿纳托尔·拉波波特（Anatol Rapoport）和经济学家出身的军备控制专家托马斯·谢林（Thomas Schelling）等人开始研究组织心理学。但是，地缘政治力量和军事资金使人们开始转而思考美国和苏联等实体如何避免将紧张局势升级到相互毁灭的地步。这些研究人员的目标似乎是实现一种对国际关系的解除洗脑，或者甚至是预先洗脑，利用的是从"囚徒困境"（Prisoner's Dilemma）等实验中改编的公式，其中两位受试者必须在无法相互沟通的情况下决定是合作还是背叛对方。冷战理性主义者似乎认为，根据严谨的分析和创造性的实验，就有可能将导致古巴导弹危机等国际事件的所有复杂因素总结为一套可预测的模式。一旦理解了这些预测模式，就可以提前做好安排以避免此类事件发生。埃里克森、克莱因和他们的合著者称这个领域既有令人钦佩的雄心壮志，又幼稚到了危险的地步。

这本书的作者们看起来似乎不谙世事，但我看到这些理性主义者的诉求后，我没有将他们的天真归咎于他们自己。相反，我认为他们只是受限于时代和工具。如果这些研究人员现在受邀完成一个伟大的国家任务，情况会怎么样？他们不会为兰德公司，甚至美国国防部高级研究计划局工作。他们会在 Facebook（2021 年 10 月 29 日更名为 Meta）、谷歌或亚马逊工作。虽然他们应用的理论系统（如囚徒困境）的基本流程图和柱状图在今天看来很简单，但同样的本能——寻找能够捕捉、预测甚至塑造人类行为的算法——创造了人工智能、社交媒体和大型科技公司。当时他们只是没有我们今天所拥有的马力和燃料。

埃里克森及其合著者沮丧地写道："不管什么规则，无论是逻辑理论、概率理论还是理性选择理论，如果只是机械地应用，都不可能用来处理各种各样的政治选择问题。"对此我们表示同意。但我们一次又一次深陷于逻辑系统，就像冷战理性主义者一样。不用自己做艰难的决策，对我们来说是难以抗拒的诱惑，如今这种趋势愈演愈烈，超过了之前的任何时代。我们将进一步讨论，如今营利性公司的研究人员正在利用同样的简化主义本能，辅以大量的计算能力和精密算法，来研究我们在生活中如何做出选择。虽然风险可能没有核战争那么高，但仍然高得吓人。因为如果大脑受到灭世武器的威胁，这种遥远的威胁无法让大脑启动负责即时探测毒蛇、采取行动的系统 1。即使气候变化已经威胁着人类的生存，但在我们直面洪水或火灾之前，我们似乎也感觉不到气候变化。人工智能则是一种比这更微妙的威胁。综上所述，我们已经准备好了接受人工智能告诉我们的一切，而这已经给我们带来了麻烦。

一台看不见的机器

2017 年 4 月 9 日下午 5 点刚过，乘坐美国联合航空 3411 次航班的大量乘客熙熙攘攘地坐在飞机上，此时飞机还在芝加哥奥黑尔的登机口，乘客们等待着飞机后推离开登机口，前往路易斯维尔。但飞机纹丝不动。这时，机舱广播的声音传来，解释了航班延迟的原因。航空公司有四名机组人员需要乘坐这趟飞机前往肯塔基州服务另一趟航班。现在下飞机可以领取 400 美元的赔偿金，有人愿意吗？不过下一趟航班要等待至少 21 个小时，而且他们的行李已经塞在了头上的行李架上，乘客们并不想妥协，没人理会这个请求。赔偿金提高到 800 美元。仍然没有人接受。这个声音又响起了，这次直接宣布将选择四位乘客，这四个人必须离开。过了一会儿，乘务员走到一对年轻夫妇身旁，他们顺从地从座位上站起来，拖着疲惫的步伐缓缓走下飞机。但乘务员走到大卫·陶（David Dao）医生那里时，他没有站起来。然后美联航的一位主管丹尼尔·希尔（Daniele Hill）走过来，陶先生表示自己是一名医生，准备乘这架飞机回家，而且他说如果错过今晚的航班，就无法赶上明天早上的航班。他的病人在那里等着他。他不能下飞机。

双方剑拔弩张。希尔坚称陶必须离开。陶坚持认为他不能离开。据其他乘客说，希尔告诉陶："我要报警，让警察带你下飞机。"事情就是这样发生的。

作为两大航空公司的枢纽，芝加哥奥黑尔机场那年运送乘客接近 8 000 万人次，因为有着如此庞大的客流量，这座机场由芝加哥航空局管理，该局还有自己的警队。芝加哥航空局警队大约有 300 名警察，他们不是全副武装的警察：他们不能携带武器，只有有限的逮捕权，因此他们所接受的训练就是把嫌疑人移交给芝加哥警察局。但他们像警察一样接受训练，需要大致达到与一般警察相同的体能和学习要求。

4 月的那个晚上，芝加哥航空局警队的警官詹姆斯·朗（James

Long）、小毛里西奥·罗德里格斯（Mauricio Rodriguez Jr.）和史蒂文·史密斯（Steven Smith）沿着过道走过去，叫陶站起来。陶坐在他付钱买的座位上，拒绝站起来。然后，他们撕掉了我们所有人认为能够保护我们的企业客户契约关系的外衣，将手伸向了他。另一名乘客说，朗抓住了挣扎的陶，猛地把他拽到走道，陶的头撞到了金属扶手上。他走路一瘸一拐，他们拽着他的胳膊，把他从数百名目瞪口呆的乘客身边拖过去。这起事件的视频显示，陶鲜血淋漓，几乎无力反抗。需要到达路易斯维尔的美联航机组人员登上了飞机，然后飞机起飞，晚点两个小时到达。

第二天，这起事件的视频开始在社交媒体上传播，美联航CEO奥斯卡·穆诺兹（Oscar Munoz）发布了一份声明，声称为了“重新安置乘客”必须让陶离开，这份声明现在被认为是著名的企业公关事故。另外还有一份给美联航员工的内部备忘录批评了陶，赞扬了希尔及其团队的行动。一周内，这起事件在社交媒体持续发酵，美联航股价开始下跌，穆诺兹开始给任何愿意倾听的人道歉。他告诉一位采访者：“任何人都不应该受到这样的虐待。”

事件发生两周后，即4月24日，陶委托律师宣布，他将提起诉讼，他声称自己鼻子骨折、牙齿脱落、脑震荡和鼻窦受损，需要手术治疗。三天后，他的律师与航空公司达成了私下和解协议。

这个故事被人反复讲述了无数次，已经成为一个关于压力下错误选择的经典案例——从美联航的主管希尔到芝加哥航空局的警官，再到美联航CEO的错误选择。但他们为什么做出这些选择呢？我认为他们陷入了循环。不仅是第一个循环——人类共通的循环，由我们最古老的本能组成，还有第二个循环，也就是古老的本能被新发明的系统所利用的循环。

乘客们对赔偿金和酒店住宿无动于衷，美联航工作人员无法哄骗任何人让座，准备支援那趟人手短缺航班的机组人员带着行李在登机口等待着，以上的情况形成了一个僵局。于是，一个非人类系统被调用。机组成员告诉乘客们，他们会直接挑选乘客，选中的乘客需要下飞机。突然一切都变了。

直到那一刻之前，仍然是一种人与人之间的交易，用一种有价值的东西（一张免费机票的凭单）代替另一种有价值的东西（飞回家在自己床上睡觉的机会）。乘客所付的费用给他们带来了不便。作为一项交易，这一部分是透明的：为什么需要达成交易，可以得到什么，代价是什么。但该公司不会支付足够的费用，使过夜住宿的优惠券机制发挥作用。在似乎没有其他选择的情况下，美联航机组成员结束了透明的人类谈判，并启动了一个不透明的系统，基于这个系统，一台看不见的机器将会挑选乘客，选中的乘客必须下飞机。

事实证明，如果人类受制于一个他们不了解的系统，他们会放弃一些自己在人际互动中用到的判断力。学术界针对这种思维习惯做过大量的研究，它主要植根于拟人化的思维模式，即倾向于认为一个令人费解的系统具有它实际上并不具备的高水平。[2] 波士顿大学市场营销学教授凯里·莫尔韦奇（Carey Morewedge）研究了决策和偏见，他告诉我："我们的研究结果表明，如果人们不理解一个系统，往往会认为它的结论充满智慧。"在美联航事件中，飞机上的乘客被告知，航空公司将会直接叫名字，被叫到名字的乘客必须下飞机，突然间，他们受到了一个他们不了解的系统的支配，他们的拟人化被激活了。乘客们会认为，航空公司选择让叫到名字的乘客下飞机具有一定的合理性。

其他研究人员发现，卡尼曼等人介绍的系统 2，相比自动的系统 1 来说，是一个精细、高效但极其重要的错误纠正系统，但也很容易被无意义但简单易行的假设分散注意力。心理学家、芝加哥大学教授简·里森（Jane Risen）研究了迷信、跟着直觉走等魔法思维中的决策能力。在 2016 年的一项研究中，她发现这些人类倾向往往令人难以抗拒，以至于“人们似乎无法动摇它们，尽管知道它们是不正确的。在这些案例中，人们成功地发现了理性的错误，但却选择不去改正它”。她写道：“对于体育迷们来说，理性告诉他们，无论他们在家里的客厅里做什么，都不会对比赛结果有任何影响。”一半的美国人知道敲木头求好运并没有什么合理的理由，但他们承认自己经常这样做。我们的理性思维将方向盘交给了我们：“系统 2 默许了强大的直觉。因此，系统 2 除了懒惰、注意力不集中，有时还很容易被说服。”[3] 而当外部系统完全不透明时，也会推动我们切换到魔法思维，正如美联航的乘客、机组人员和机场警察所表现的那样，除了大卫·陶，我们确实被说服了。即使听到陶说他的病人需要他，目睹了他被人暴力拖拽到飞机过道上，我们也能说服自己相信那套披着逻辑外衣的系统。

ELIZA 系统

自从我们开始与机器对话以来，我们就超乎理性地信任机器。1964 年，就在麦卡锡（McCarthy）和他的团队一起对思维机器进行理论研究不到 10 年后，有人编写了一个简单的对话程序，随后就有陌生人对这个程序做出了深刻的忏悔。麻省理工学院人工智能实验室的德国计算机研究人员约瑟夫·维森鲍姆（Joseph Weizenbaum）将他的系统命名为 ELIZA，这个名字来源于《卖花女》（*Pygmalion*）中努力学习如何讲话“得体”的主人翁。该系统可以阅读人类在打字机上输入的文字，并对其进行分析，然后根据粗略的脚本给予合理的反馈。今天，我们称之为聊天机器人。

如今，企业已经广泛使用聊天机器人，用于诸如客户服务、求职面试等方方面面，与人进行简单的、积极的对话，对比之下，维森鲍姆当初开发的那套聊天程序显得略微粗糙了。他后来写道：“作为我的首次尝试，我给 ELIZA 的脚本是让它扮演（应该说是模仿）罗杰斯精神治疗师与患者进行初次面谈的角色。”为什么是罗杰斯治疗？因为这是当时流行的一种互动方式，复述患者的话让他们打开话匣子。如果患者说“我很沮丧”这类的话，那么机器人就会说“你为什么觉得自己很沮丧？”对维森鲍姆来说，这是他编写的完美会话应用程序。他开始邀请人们测试他的系统，但没有解释它是什么或它是如何工作的，只要求人们坐下来打字与它对话。以下是一位年轻女性与 ELIZA 之间的交流（她先起的头）。

年轻女性：男人都一样。

ELIZA：在哪些方面？

年轻女性：他们总是为各种事情烦扰我们。

ELIZA：你能想出一个具体的例子吗？

年轻女性：嗯，是我男朋友让我来的。

ELIZA：你男朋友让你来这里。

年轻女性：他说我总是很沮丧。

ELIZA：听说你很沮丧，我很难过。

年轻女性：这是真的。我不开心。

ELIZA 程序不仅知道如何对倾诉者最后表达的情感给予反馈，它还可以抓住某些关键概念再绕回来——这个简单的设定，是在模拟一个好听众的优秀特质。

年轻女性：我父亲害怕每个人。

ELIZA：你想到你父亲时，你还会想到什么？

年轻女性：恶霸们。

ELIZA：这和你男朋友让你来这里有关系吗？[4]

维森鲍姆后来写道，他编写 ELIZA 程序是想知道自己在自然语言处理方面可以做到哪一步，但最终他却发现了更多关于人类好恶倾向的信息。最后，这些人类倾向使他离开了这个研究领域。他余生都在批评自己所做的工作，2008 年他去世了，此前他花了很多时间从事环保活动。在 1976 年出版的《计算力量与人类理性》（*Computer Power and Human Reason*）一书中，他讲述了一系列的冲击让他重新思考自己的项目，并对其可能导致的后果感到担忧。例如，在创建第一个功能原型后不久，他回忆起曾请自己在麻省理工学院的秘书对其进行测试。她看着维森鲍姆工作了几个月，大概知道这是一个计算机程序。然而，他写道："在与它进行了几次交流之后，她让我离开房间。"谈话内容变得太私密了，她不想让老板听到。维森鲍姆知道人们会与工具、汽车等各种机器建立关系，但"我没有意识到，与一个相对简单的计算机程序进行极短时间的接触，就可能会诱使相当正常的人出现错觉"。

这种错觉远远不限于维森鲍姆和他的秘书。维森鲍姆发现人类行为专家对机器人辅助治疗非常感兴趣。（事实上，我曾数次向商学院和工科学生介绍过维森鲍姆的 ELIZA 程序，以及它给维森鲍姆带来的道德困境。他放弃了如此有前途的商业模式着实令人震惊。）斯坦福精神病学家肯尼思·科尔比（Kenneth Colby）曾写过关于使用 ELIZA 这类产品来辅助心理健康从业者工作的文章。科尔比在 1966 年的一篇论文中写道："如果事实证明这种方法是有益的，那么它可以作为一种治疗工具，可广泛用于治疗师短缺的精神病院和精神病中心。"[5]

20 世纪 70 年代，科尔比扩展了 ELIZA 的概念，开发了 PARRY，这是一个模拟偏执狂患者的软件（用于培训学习心理治疗的学生），大多数精神病医生都没办法分辨出它不是真人，这是第一个通过图灵测试的软件（图灵测试是用来评估人是否能在结构化对话中区分机器人和人类的测试方法）。到了 20 世纪 80 年代，科尔比为退伍军人管理局做了一个名为“克服抑郁”（Overcoming Depression）的自然语言心理治疗项目，该项目中患者在没有治疗师直接监督的情况下自行使用程序。维森鲍姆惊恐地发现，即使是最成功的科学普及家卡尔·萨根（Carl Sagan）也真的对这个想法感兴趣。萨根在 1975 年描述 ELIZA 时写道：“我可以想象计算机心理治疗发展的终点。有点像一排排大型电话亭立在那里，只需要几美元，我们就可以买一节课，与一位细心的、经过测试的、大概率遵循非指导性疗法的心理治疗医生交谈。”[6]

黑匣子系统

《计算力量与人类理性》一书标志着维森鲍姆开始转而批判人工智能，或者从广义上来说，他批判的是人类听从人工智能的指令。1985 年，他接受了麻省理工学院的《电子技术报》（*The Tech*）的采访，在访谈中他将计算的概念定义为“寻找问题的解决方案”。

> 来自医疗、法律、教育等各种机构的人们，来到麻省理工学院等地方，他们会说：“你有一个很好的工具，可以解决很多问题。当然，我的机构中肯定存在一些问题，我的机构是教育行业的。对于教育机构来说，你的工具很好，应该可以解决我的问题。请告诉我，你的完美工具可以解决什么问题。”[7]

客机从一个地方飞到另一个地方，会遇到很多我们不了解的大型机器。从售票流程到安检处，再到飞机隐藏在光滑塑料机舱下面的奇怪机制，我们将我们的身体托付给一系列神秘的系统。这个系统中的每件事都是为了增强我们的信任：乘务员和机长通过对讲机讲的程式化对话、统一的制服、严格的时间表。这样一套编排好的流程很少像陶的旅程那样被打断。

想一想，如果维森鲍姆坐在大卫·陶旁边，他可能会说些什么。听到机舱传来声音问有没有人自愿下飞机后，他可能会转过头对旁边的人说，乘客们相信事情会如往常一样发展。他们对于事情会向不寻常的方向发展毫无准备。他们也没有准备好批判性地思考这一系统及其运作方式。因此，有乘客被告知航空公司正在挑选乘客下飞机时，维森鲍姆可能已经发出了警告，正如他在1976 年的一篇文章中向同行们发出的警告一样，乘客已经准备好接受这项计划。他写道："他更像一个戏剧家，为了参与和理解舞台上发生的事情，必须暂时假装自己正在目睹真实的事件。"

受命将陶从飞机上拽下来的航空安全警察似乎也是如此。詹姆斯·朗后来起诉芝加哥航空局解雇了他，他失去了机场警察的工作，他抱怨道，美联航的乘务员"知道或应该知道……呼叫航空警察……带走拒绝离开飞机的乘客肯定会用到武力"。他还指责芝加哥航空局"在培训原告如何应对与乘客矛盾升级的情况方面存在疏忽和失误"。[8]

朗在新闻报道中受到了广泛批评，因为在外界看来，他是在不顾一切地试图用诉讼来转移矛盾。但我认为，朗和同事们在某种意义上无法抵抗维森鲍姆 1964 年在 ELIZA 项目中发现的那种拟人化压力。他们都陷入了循环，就像乘客、检票员和乘务员一样。在 2017 年美联航航班的一连串决策中，除了陶之外，没有人充分利用他们的人类才能。（尽管在我看来，是美联航工作人员完全放弃了理智，召来了警察，让警察攻击了一名乘客。）

但我们从这个故事中学到的是，如果你将谁能回家、谁将被困在芝加哥的艰难决定交给一个没有人理解的机制，每个人都会变得愚蠢。无论是不顾给病人带来的后果而坚持要求陶换航班的乘务员，还是应要求下飞机的年轻夫妇，抑或是受命将陶带走的警官，每个人都在一台更大、更神秘的机器的指挥下行动，他们都在不同程度上认为这台机器非常精密，而实际上并非如此。虽然美国联合航空公司从未明确解释为什么选择了陶，但其运输合同中写道，算法中有几个因素（包括购买的机票类别、是否在下一个机场转机、飞行频率以及乘客登机的时间）与选择谁先下飞机有关。[9] 你可以称这个系统为黑匣子（black box）。

我们都遵守着一些规则，比如 FICO 信用评分，又如楼里的火灾警报（就算我们知道是错误警报），再比如汽车仪表板的灯提示我们应该把车送去修理。我们只是没有意识到这种做法越来越普遍，因为现代世界建立了第二层控制循环，而我们身在其中。无论我们是受制于一个神秘的选择系统，还是收到了一个未知系统的建议，我们的无意识倾向和神秘的技术、商业流程不断地结合，从而改变我们的行为，使我们处于循环之中，最终成为我们从未有意识地想要成为的人。

第三层循环形成的地方

到目前为止，我们所讨论的一切——人类思维的深层认知错觉和心理脆弱性，以及我们的部落主义、可说服性、对模式的服从，都使我们成为人工智能的完美数据集。因为尽管我们倾向于相信每个人都是独一无二的，但我们的行为常常遵循着普遍的模式，这需要一个多世纪复杂的心理学和社会学研究来记录，但机器学习可以在几天、几小时、几秒内完成。

把摄像机对准看棒球比赛的一对喝醉的夫妇，他们就会接吻。举手击掌，陌生人就会伸手回应。坐在椅子上向后靠得太多，每个人都会感受到肾上腺素的刺激。人类的行为就是模式化的，而人工智能会发现这些模式，并越来越多地利用它们。

如果维森鲍姆有机会，他大概会指出，人工智能看起来很美妙，但它不是治疗师。机器学习只能对已经出现的东西进行采样，以预测接下来会发生什么。如果它对我们前几章中讨论过的人类基本思维模式进行了采样，包括人类所有的偏见、部落主义、对不确定性的过度敏感，以及对庞大数字无感，那么我们的未来将被设定为强化这些行为。谈到人工智能，未来只是依据过去的经验进行的推断。机器学习非但不能使我们的生活变得更好，反而可能复制并延续我们所有最严重的缺陷。换句话说，如果我们的无意识倾向是目标函数，那么我们就有麻烦了。

问题在于，那种能够对人类的无意识倾向进行采样的人工智能是最有利可图的，因为如果我们不动脑思考，商家就会非常容易从我们身上赚钱。我们已经习惯于遵循系统 1 的指示，这是我们快速思考、本能的大脑，所有市场营销行为都是为了向它推销。没有一家公司希望系统 2 把守在门口。出于同样的原因，没有一家公司想要开发出强化系统 2 功能的人工智能。弥补我们古老本能的人工智能将消除冲动性购买，减少未经思考的接受，消灭推荐算法。没有一家公司希望如此。人工智能可以找到人类古老的本能并放大这些本能，包括部落主义、拟人化、直觉和系统 1 选择，以及非理性地憎恨别人指出我们的偏见，我们在本书开头就讲过这些了，企业教会人工智能寻找这些东西，就能很容易地赚到钱。那么人工智能如何寻找这些东西呢？为什么我们相信人工智能已经足够精密，可以为我们安排生活？如果我们了解它的实际工作原理，我们就会明白为什么它可以用来给系统 2 赋能，但其实它更有可能被用来给系统 1 赋能。这就是第三层，也就是最外层循环形成的地方。

第三部分

第三个循环：人工智能的影响

第七章

人工智能不能做什么

人工智能的诞生

人工智能一词本身就具有误导性。从人类第一次将“人工”和“智能”放在一起开始，我们就是在玩火。

人类首次提出这一概念是在 1955 年，达特茅斯学院一位年轻的数学助理教授约翰·麦卡锡（John McCarthy）厌倦了“控制论”“复杂信息处理”“信息论”等新兴词汇杂乱无章的堆叠，决定在夏季召集同事们一起尝试厘清思维机器的概念。他与哈佛大学的马文·明斯基（Marvin Minsky）、IBM 的纳撒尼尔·罗切斯特（Nathaniel Rochester）和贝尔实验室的克劳德·香农（Claude E. Shannon）一起写了研究经费申请书，名为《达特茅斯夏季人工智能研究项目提案》（*A Proposal for the Dartmouth Summer Research Project on Artificial Intelligence*）。这被普遍认为是人工智能一词首次被印刷出来。正如麦卡锡与合著者所说，他们是想把一个小组聚在一起，“此研究基于一个推测，即关于学习与智能的方方面面都能被精确地描述，这样就可以制造一台机器来模拟它。”

1956 年夏天，10 名受邀者参加了这项为期 8 周的活动（有些人不是全程参加），由洛克菲勒基金会支付 7 500 美元，最后总共有 40 多人陆续列会，他们住进了公寓和汉诺威酒店，这些人时不时一起抓狂、大喊大叫。

30 岁的雷·所罗门诺夫（Ray Solomonoff）是芝加哥大学新培养的物理学硕士，是除了麦卡锡和明斯基之外，唯一在达特茅斯度过整个夏天的人。他似乎助长了小组的狂热氛围。他在会议上记下了大量的详尽笔记，笔记中奇怪的逻辑和疯狂的涂鸦中体现了这次聚会的集体狂热。他甚至开始调整自己的饮食和睡眠计划，以便能把这些都记下来。

“试着一天吃两顿饭：中午和午夜各吃一顿。”他的笔记很杂乱，在预测信息和最佳非线性滤波器之间的缝隙中，他潦草地写道：“凌晨 1 点到早上 9 点睡觉。唯一的麻烦是偶尔要和别人一起吃饭，但我想我可以解决这个问题……这里最大的缺点可能是不能利用早起的敏锐头脑来解决睡前研究的问题。”

这种疯狂的创造力爆发造就了一些突破性的概念，比如一台计算机可以借鉴过去处理其他问题的经验以解决从未见过的问题。这是一个颠覆性的观念。正如所罗门诺夫所写的，一个程序“可能要先有一系列正确的例子，然后再给它没有标准答案的问题”。制造这样一台机器意味着违背传统观念，即计算机只能运用提供给它的信息。也许，他想知道，特定的数学规则“可能无法完成我真正需要的全部工作”，“非特定规则更擅长推断”。关于终极难题，如下文所罗门诺夫在笔记中所写的（他用长长的箭头将写了一半的段落连接起来）。

> 在任何预测问题中，我们都会遇到一组条件，我们会试图以此为基础做出预测。理想情况下，这组条件以前发生过多次，可以进行准确的概率估计。然而，更多的情况是，这组条件以前从未以完全相同的方式发生过。在这种情况下，我们试图将要预测的事件划分为一个更大的事件类别，因此我们需要有一个足够大的样本，以便可以做出可靠的概率估计。[1]

麦卡锡、明斯基、所罗门诺夫等思想家在那个夏天的聚会上畅所欲言，最终得出了一个基本概念：一个能够获取不完整信息的思维机器，利用从过去和类似例子中学到的规则，可以预测该信息的后续情况，包括完成一段只写了一半的文字，以及计算过去事件可能再次发生的概率。达特茅斯研讨会的参会者们无疑是超前的，直到50多年后，麦卡锡等人所提出的观念才被验证在技术上是可行的，而且可以规模化应用。

达特茅斯研讨会对每个参会者的事业都起到了巨大的促进作用。麦卡锡后来开发了一个名为“建议接受者”（advice taker）的计算机程序，它使用逻辑规则（而不仅仅是原始信息）解决问题。他还开发了早期人工智能的主要编程语言LISP。他提出了分时（time-sharing）和效用计算（utility computing）的概念，使得如今 2 500 亿美元的云计算产业成为可能。后来，他创建并运营斯坦福大学的人工智能实验室，而马文·明斯基则运营着麻省理工学院的人工智能实验室。求知若渴、缺乏睡眠的所罗门诺夫后来提出了第一个可用于预测的算法概率（algorithmic probability）概念，并创建了使用贝叶斯统计来处理不确定性的理论框架，这使他成为许多领域的开山鼻祖，如现代天气预报及只需一句话提示就能写出一篇不错的学期论文的人工智能。兰德公司的艾伦·纽厄尔（Allen Newell）后来发表了人工智能领域的第一篇博士论文《信息处理：行为科学的新技术》（*Information Processing：A New Technique for the Behavioral Sciences*）。在达特茅斯夏季研讨会之前，他和赫伯特·西蒙（一位经济学家、认知心理学家，似乎是达特茅斯唯一非计算机领域的参会者）已经开发了第一个人工智能程序——逻辑理论家（Logic Theorist），后来他们在 1957 年用军事资金开发了通用问题求解系统（General Problem Solver），这是一个模拟人类逻辑规则的程序。

人工智能不能做什么

但让我们从所有这些赞誉和兴奋中冷静下来。这些想法确实很伟大，随后开展的工作也是颠覆性的。不过这并不是这项研究成果触发第三个循环的唯一原因，行为、模式识别和操纵的循环，可能会定义人类以后的生活。人工智能精密复杂和难以捉摸到了不可思议的地步，也是激发第三个循环形成的原因之一。我们作为即将被人工智能塑造行为的人，并不了解它是什么、不是什么。

因此，回溯到21世纪初这个领域启动之时，了解达特茅斯会议的参会者实际上给我们设定了什么界限，这件事情至关重要。我们需要追踪他们的研究线索如1956年那些狂热的午夜谈话，以及今天我们所称为人工智能的东西。

比我更有深度、更有才华的作家们已经将人工智能及其发展的完整历史记录下来，我无意在此做出总结，但我们需要了解的是，多年来该领域的人一直在争论是否可以甚至应该教计算机处理开放式任务。其中一些反对意见是道德方面的，但大多数反对意见与市场机会有关。达特茅斯夏季研讨会过后，麦卡锡进入IBM工作，IBM最初计划创办人工智能子公司。但在1960年，IBM的一项企业研究详细阐述了未实施该战略的几点原因，其中包括调查发现客户对思考型计算机（thinking computers）的概念怀有敌意，甚至还会对此感到害怕，于是IBM退出了这一领域。明斯基、纽厄尔和西蒙都倾向于做出夸大的预测，比如几十年内机器人将能够从地板上捡起袜子。然而这一切并没有发生，失望情绪损害了人工智能的声誉。从1974年开始，近10年来，整个领域的资金几近枯竭，这是第一个所谓的人工智能寒冬。数十年来，在寻找更好的系统的过程中，该领域不只一次迷失了方向。例如，明斯基出版了一本书，全书都批判神经网络的观念，即相互连接的思维“神经元”系统，可能会协同解决一个复杂的问题，该领域在10年内基本上放弃了这一概念。而神经网络现在是现代人工智能的重要组成部分。

还有那个时代的局限性：缺乏处理数据的计算能力、数据库容量不足、无法存储训练算法所需的大量信息，这些局限性的存在，使得小型的一次性实验无法大规模推广到市场。经历了两个资本寒冬，研究中无数次遇到死胡同，随着计算能力和数据存储能力的爆发式提升，才达到了今天的水平。如今，各种类型的机器学习，从深度学习神经网络到生成式对抗网络（将两个神经网络相互对立），几乎可以完成任何事情，无论是阅读一份纸质的菜单，还是在蜿蜒的山路上开车。

确实，这个领域看起来炙手可热，而且也令人叹为观止。不过，我们需要清楚地了解人工智能真正给你的生活带来了什么，这样才能看到它做了什么，更重要的是，它不能做什么。

人工智能并不是能够取代人类才智的机器人智能。很多人认为它是一种和《霹雳游侠》中的 K.I.T.T. 汽车或《终结者》中的天网（Skynet）一样能言善道、用途多样的通用人工智能，在我们对这个观念感到兴奋之前，我们先要弄清楚，尽管 2013 年对人工智能专家进行的一项著名调查显示，大约 50% 的专家认为 2040—2050 年会出现通用人工智能，但是（A）目前还不存在通用人工智能，以及（B）我们将在本书后面讨论，如果更简单的人工智能以合适的方式为我们处理事情，那么通用智能甚至可能没有市场。

然后，让我们提出一个即使是最温和的计算机科学家也会相互攻击的问题，什么是人工智能？从根本上说，人工智能是任何可以分配任务、从数据中学习并在此过程中适应的系统。当然，有很多方法可以实现这一点。我将尝试总结它的一些特点，以便理解我们在谈论决策技术时到底在谈些什么，而从现在起在我参加的每一场活动中，这都会让我受到专家的抨击。

机器学习指的是根据经验能够更好地完成任务的算法。机器学习利用过去的模式预测未来。但它无法超越现有的数据；为了做出新的预测，它需要新的数据。目前有几种常用的机器学习形式。

第一，监督学习。它是指提供给系统足够的已标记数据和足够的正确答案（“这是一个橙子；这是一个坏掉的橙子；这是一个熟了且没坏掉的橙子”），它可以提炼出数据中的模式。当我们让它识别具体的结果时（一个熟了的橙子；一个在运输了一周后会熟的橙子；一个烂掉的橙子），如果它能事先看到足够多的与这些结果相关的模式，它就可以找出未来可能与相同结果相关的模式。

第二，无监督学习。它是指在没有任何指导的情况下提供数据给系统，没有正确或错误的答案，没有有用的标记，什么也没有，系统尝试分类，通常是以任何可能的方式进行聚类。无论有什么共同的模式能将它们区别开来，都可以作为分类机制。

第三，强化学习。它是基于奖惩机制处理未标记原始数据的另一种方法。这种训练算法可以从数据中推断出你想要什么，然后对系统中的错误答案进行惩罚，并对正确答案予以奖励。这样，强化学习教会系统找出避免惩罚和赢得奖励的最有效方法。由于没有已标记数据，系统只会小心翼翼地摸索最有可能获得奖励的模式。

让我们将这三种机器学习方法中的任何一种或全部应用于一项任务：区分牛和狗。想象一下我们在剧院里。舞台上有十几只狗和十几头牛。一些狗坐着，一些狗站着，剧院里很热，所以它们都在喘气。可怜又不知所措的牛在狗群中来回穿梭，它们焦急地发出哞哞的叫声，抱怨温度过高、舞台边缘难以立足、缺少草和水。现在我们让机器学习系统告诉我们：舞台上哪些动物是牛，哪些是狗？

人类的问题在于，长此以往，无论系统最终告诉我们什么，我们都想要相信。正如我们在本书第一章中所了解到的，系统 2，即我们的创造性和理性思维，非常乐意将决策权交给系统 1，交给我们的直觉和情感，交给任何有现成答案的可信系统。因此，我们需要做好准备，看看算法在关于狗和牛的区分方面最终能给到我们一个多么清晰明了的答案。对于系统 1 来说，它看起来非常可信，因此对于系统 2 来说，它也是可信的。在某种意义上，它是可信的。将舞台上的照片或其他数据输入系统，然后砰地弹出一个狗和牛的列表或带说明文字的照片。有了足够的时间来完善，这个系统最终会让我们惊叹，因为它能告诉我们这个喘气的贵宾犬是一只狗，而这个嗅着窗帘的小母牛是一头牛。但系统是如何做到的呢？这很重要，因为我们将看到，这项技术同样可以回答愚蠢的问题和改变世界的问题。

领到这项任务的数据科学家会想更多地了解这个项目的目标，以便挑选最适合的机器学习形式来完成它。例如，如果你想让系统识别舞台照片中的牛和狗，你大概会将其输入卷积神经网络中，这是当今识别照片中物体的一种流行方法。在你使用该系统时，它已经使用数千张狗和牛的照片进行了训练（监督学习！），将每张照片输入卷积层，它会扫描并简化每张图像，然后将图像输入最大池化层，将图像分成多个部分，并且只保留最具代表性信息的部分，最后将图像识别为狗或牛。（为了更好地区分，人类“培训师”事先会不断地调整监督学习过程，他们会将系统识别的结果标记为正确或错误，这个过程通常会在亚马逊的 Mechanical Turk 等网站完成，每张照片收费几美分。）

相反，如果只给系统一个关于动物的属性列表，如大小、颜色、是否喘气、有蹄还是软脚，强化学习可能只会猜测（狗！牛！），然后训练算法将这些猜测与它推断出的人类想要的结果进行对比，再据此调整它的判断。这一过程可能需要几小时、几天甚至更长的时间，但如果此前没有人开发过狗和牛的识别系统，也许这就是区分动物的最佳途径。

无论我们引入什么样的人工智能，都有两股主要力量在起作用，它们引导着结果。第一股力量我们称之为目标函数。目标函数就是人类想要实现的项目目标，比如让无人驾驶汽车停在两辆车之间，与两辆车之间的距离保持一致，离路边不超过六英寸；再如将半熟的芝士肉饼夹在两片面包之间。目标函数是整个系统努力实现的目标，明确目标函数是任何成功的机器学习系统的首要任务。古代神话中充斥着糟糕的目标函数：皮瑞苏斯（Pirithous）想要冥后珀尔塞福涅（Persephone）做他的妻子，结果却落入了地狱；西比尔（Sibyl）向阿波罗（Apollo）索要和她拳头里的沙粒一样多的寿命，但她忘了要年轻，结果她垂垂老矣陷入了痛苦之中。如果无人驾驶汽车没有被告知必须与路边平行停车，或者汉堡包机器人不知道面包要裹在外面，那么一切都会变得非常糟糕。

第二股力量是无情的效率，我们希望机器学习系统不带感情地追求绝对效率。毕竟，开发这些系统的目的是节省人们在海量数据中找到模式所需的时间和精力，并随着时间的推移在过程中变得越来越好。这意味着研究牛和狗之间差异的机器学习系统将锁定区分这两者的第一个可靠方法，无论是体型和口水的组合情况（狗比较小，因为它们在热的时候会喘气，所以流更多的口水；牛比较大，虽然它们也怕热，但它们除了喘气还会流汗），还是牛和狗映照在窗帘上的剪影（牛的轮廓更清晰，而狗的轮廓比较模糊）。

即使满足了这两个基本条件——明确的目标函数、系统毫无感情地追求目标——我们也只能焦急地等待牛和狗的名单，对于系统工作的过程，我们很难或是根本无从得知。事实上，我们基本上不可能知道这个过程是如何进行的。虽然舞台上的狗和牛最终会被正确分类，但一般来说，机器学习系统完成这项工作的过程我们是看不见的。我们能够知道的是，我们把一个目标函数放在系统的一端，经过一些尝试以及犯了一些错误之后，我们从另一端得到了一个看起来可靠的答案。而对于系统处理这些问题的过程，即便是开发这个系统的专家可能也无从得知。

因此，出现了一场被称为“可解释性”（explainability）的人工智能运动，旨在推动人工智能系统的透明度，这场运动在伦理上具有重要意义，但同时也存在技术上的困难。虽然对于麦卡锡和达特茅斯会议的其他参会者来说，他们肯定会为 1956 年以来这一领域的发展感到兴奋，但他们不会想到，他们所设想的那种自动化系统会用于非常重要的决策事项，例如贷款、工作或保释，而且我们根本无法清楚地看到系统是如何得出结论的。这被称为黑匣子问题。现代机器学习给了我们答案，但并没有给我们展示工作的过程。

2018 年，谷歌、费埃哲（FICO）联合五所大学一起组织了一场名为“可解释机器学习挑战赛”（Explainable Machine Learning Challenge）的竞赛，旨在寻求针对黑匣子问题的解决方案。在美国，FICO 分数用于确定个人的信用度，分数是基于三家主要信用报告公司的平均分数。（这本身就是一个臭名昭著的黑匣子，美国人租房或买房等人生大事都取决于这个黑匣子给出的一个三位数，而人们对这个黑匣子内部几乎一无所知。）FICO 向参赛者提供了一组匿名个人信用历史信息的数据集，以及每个人是否拖欠住房贷款。参赛者需要开发一个黑匣子系统，预测贷款申请人是否会继续偿还债务，然后解释黑匣子是如何得出结论的。

如果应用于大型的、难以处理的问题，各种人工智能往往会在拿到的变量之间建立极其复杂的联系。对于一个人来说，识别一个系统如何将这些变量组合在一起，这本身就和系统要做的事情一样复杂。这意味着，从最早的原型开始，现代机器学习系统就或多或少地被允许埋头做事，不需要太多的检查。而且事实上，多年以来，在机器学习领域有一个共识，即如果一个系统不得不在过程中展示它的工作，那么它将不能发挥出全部的潜能，从而得出智慧、精确的结果。

如果是小任务的话可能无关紧要，比如识别牛和狗。但是，随着机器学习开始将人类行为作为其数据集，并将目标函数设定为预测我们会喜欢什么样的艺术、我们能做好什么样的工作、我们将犯什么样的罪行，那么了解系统的内部构造可能在道德和法律上都存在必要性。目前情况并非如此，主要是因为建立一个能够解释自己的系统难于建立一个不能解释自己的系统。

目前，开发一个所谓的可解释的人工智能需要在过程中观察特定的限制条件。设计者可能会限制变量的数量，这样他们后续就能知道系统至少是基于有限数据点中的一个得出的结论。（例如牛和狗的皮毛、体型、光泽、步态，除了这些以外别无其他。）设计师可以将自己理解的小型人工智能模型组合起来，这样检查员就可以将系统分解开来。

但目前尚不清楚如何对人工智能的决策过程实施逆向工程，因为人工智能并不是透明设计。“可解释机器学习挑战赛”的参赛选手们应要求故意开发一些不透明的系统，摸索它是如何做的以及做了什么，然后尝试把它变成一个有意义的可解释系统。这是一项极其困难的任务。

杜克大学的一个六人小组接受了这项挑战，决定直面这个问题。他们查看了 FICO 数据和比赛要求，决定不开发黑匣子。他们相信自己可以开发出不是黑匣子的系统。该系统将给出普通银行客户就可以检查和理解的准确结论。

杜克大学团队的计算机科学家、教授辛西娅·鲁金（Cynthia Rudin）和耶鲁大学的社会学家、历史学家乔安娜·雷丁（Joanna Radin）在发表于《哈佛数据科学评论》（*Harvard Data Science Review*）

上的一篇文章中写下了团队的经历。

> 该模型可以分解为不同的迷你模型，每个单独的模型都是可以被理解的。我们还为放款方和个人开发了一个交互式在线可视化工具。在我们网站上组合各种信贷历史因素，人们可以清楚地看到哪些因素对贷款申请决策有重要影响。这一切都是透明的，根本不存在黑匣子。我们明白这样做可能不会赢得比赛，但我们有更重要的事情要去做。[2]

正如他们所料，他们没有赢得比赛。竞赛主办方不允许评委们体验和评估杜克团队的可视化工具，来自 IBM 研究所的三人团队赢得了比赛，他们开发了一个基于布尔规则（Boolean rules）的系统，可以帮助人类数据科学家检查黑匣子。IBM 团队撰写了一篇论文介绍这一系统，文中他们一针见血地指出，系统的可解释性非常重要，因为“机器学习逐渐深入医学、刑事司法和商业等领域，辅助人类决策者，做出对人类生活有着重大影响的决策”。也就是说，无论后续是否用到这一系统来解释 FICO 的数据，他们的黑匣子对于 FICO 来说都是有用的。它并不需要 FICO 或我们来了解它的内部工作原理。这只是一种选择。

不过值得称道的是，FICO 考虑到杜克大学团队开发的系统具有高度准确性且用户友好，认为该项目也值得奖励，因此专门设立了一个奖项表彰其“卓越成果”。

问题是，黑匣子系统已经成为现代商业的支柱。依赖人工智能的高管们就像我们一样，对黑匣子内部机制一无所知，他们并不知道算法是如何区分牛和狗的。2021 年，FICO 对年营收超过 1 亿美元的金融服务公司的高管们开展了一项调研。研究发现，近 70% 的高管无法解释他们的人工智能系统是如何做出决策或预测结果的。而且他们似乎并不在乎。在参与调研的高管中，只有 35% 的人表示，他们曾努力将问责制引入系统的处理过程中，并致力于提高系统的透明度。

诚然，开发一套黑匣子系统要容易得多。人们只需要给系统上紧发条，让它自己工作，然后便可以高枕无忧。然而，黑匣子系统可能因为一些令人担忧的原因成为以后企业的标准做法。一方面，有一种假设认为，让系统闭门学习自己的规则是获得准确结果的最快途径；另一方面，人们不希望高价值系统的内部工作机制落入竞争对手手中，即使这意味着连开发系统的人也不了解其内部工作机制。

除此之外，还有一个客观原因，如果要对任何使用了人工智能这类技术的公司提起诉讼，第一步是要证明因果关系。根据 1975 年的沃斯诉塞尔丁案（*Warth v. Seldin*），原告有必要建立明确的因果关系，将其损失或伤害与被告联系起来才能继续诉讼。但如果原告甚至无法检查一个拒绝向他们提供银行贷款、工作或保释的人工智能，他们怎么可能提出索赔呢？一位名叫亚瓦·巴特伊（Yavar Bathaee）的律师在他 2018 年发表在《哈佛法律与技术杂志》（*Harvard Journal of Law & Technology*）上的一篇文章中写道："显然，想要解决意图和因果关系问题，要么利用标准的监管提高人工智能的透明度，要么实行严格的责任机制。"然而，他认为："这两种方法都可能扼杀人工智能的创新，设置过高的准入壁垒。"无论他对监管可能产生的影响的判断是否正确，很显然，开发黑匣子系统的企业目前都在回避一系列法律和公共关系问题。黑匣子系统对我们来说，不仅能得出准确的结果，还能保护自己免受竞争对手的侵害，而且我们还将其作为抵御法律风险的屏障。

鲁金和雷丁写道，黑匣子模式"允许模型开发者在不考虑对他人造成有害后果的情况下获利。可能我们并不是没有能力，而是根本没有尝试过构建一个可解释的模型"。

有些企业已经尝试过了。Verikai 是一家人工智能风险评估公司，旨在让保险公司能够利用机器学习为 500 人以下的公司承保医疗保险。这在过去是很难做到的，因为医疗保险中的大数定律（the law of big numbers）意味着参保员工需要尽可能多，预测体系才能准确预测一年中有多少员工可能会患糖尿病、癌症或其他疾病。如果参保人数不足 500 人，预测体系的预测能力就会减弱；而如果参保人数在 250 人以下，预测体系就完全崩溃了。Verikai 则试图利用人工智能在大量人群中的识别模式来推断风险，然后将这些预测应用于一小群员工中。Verikai 的前总裁克里斯·陈（Chris Chen）告诉我，基于安客诚（Acxiom）和益百利（Experian）等数据中介机构以及其他来源的数据，"我们正在对人们的睡眠模式、饮酒模式、饮食模式进行评分"。Verikai 利用人工智能总结了人类的一般行为，然后将结论应用于较小的代表性群体。

Verikai 发现，睡眠充足或坚持服药的人偿还抵押贷款的可能性更大。但陈告诉我："还有其他真正随机的相关性。"由此可以看到人工智能是如何依据一个黑匣子给出对你的生活影响深远的建议，比如帮助你的雇主决定他是否能为你购买医疗保险。人工智能还会基于一些你甚至都没有感知的事情来对你下结论，最后给出对你影响重大的建议。陈举了一个例子："比如说你拥有一个游泳池，而且你还具有其他三个属性，因此你的风险较低，但我们也不知道为什么会有这样的关联。"但他也不认为企业需要盲目接受这些相关性。他说："每个人都在说，人工智能就应该是一个黑匣子，但其实不该如此。"相反，Verikai 的系统实际上是根据人工智能发现的模式，告诉人们他们生活的哪些方面存在一定程度的健康风险。该公司的人工智能从你的健康结果中找出了看似无关的预测指标之间的关联，它至少告诉了你这些指标分别是什么。而大多数企业根本做不到这一点，他们也没有动力去做这件事情。总的来说，我们不知道这些技术是如何作用于我们的；我们只是假设它们有效。

以太的出现

历史上大约 300 年的时间里，在那些试图解释宇宙的理性人群中，一种非理性理论占据了主导地位。这一理论起源于古代迷信，并没有可量化的证据，但它非常简单易懂，以至于成为一个信条，甚至直到 20 世纪研究人员仍对此深信不疑。

这就是“以太”的概念，即宇宙中的绝对静止，它可以被用来作为基准来测量诸如光的运动。

柏拉图和亚里士多德首先提到了“第五元素”，它以某种方式存在于地球、空气、火和水之中。（1997 年的电影《第五元素》荒谬而精彩，它的主题围绕着“第五元素”的本质就是爱，但这并不是我们在这里所说的。）哲学家们认为这一精华构成了天空之外的一切。尽管大多数古希腊人关于它的观念很快被摒弃，例如认为它做圆周运动，而其他元素是沿着线性路径运动，但这种观念已经存在了很长时间，人们认为宇宙中有一种“精纯”的元素，它干净、无污染，是万物运动的媒介。

中世纪早期的炼金术士们坚信万物都有精华（一种最纯净的形态）。通过适当的化学过程，他们可以从各种物质中提取精华，并将其用作药物。14 世纪的炼金术士约翰·鲁佩西撒（John of Rupescissa）普及了一种以酒精为基础的精华可以治愈痛苦和拯救生命的概念［在人们普遍活不到 50 岁的时代（鲁佩西撒自己也是不到 50 岁就去世了），这种概念很有吸引力］。[3] 炼金术士们往往会借助神秘的解释来捍卫自己的观点，不过到了中世纪末期，伴随着文艺复兴，人们迎来了循证科学的新时代，精华作为神奇药物的概念基本上烟消云散了。

不过，纯粹本质的概念仍然存在。17 世纪，勒内·笛卡尔（René Descartes）开始正式将这一概念引入物理学领域。他试图超越他认为过时的中世纪理论，用“以太”一词来描述一个万物都在其中游动的大海洋：在他看来，以太是一种理论媒介，在以太中相距遥远的物体仍有着物理连接，像磁力这样的东西在其中“运动”。这个概念有助于为光的行为创造一个力学解释，物理学家继续以此作为理论基础，并不断完善它。笛卡尔认为以太具有静态特性，罗伯特·胡克（Robert Hooke）认为它会振动；克里斯蒂安·惠更斯（Christiaan Huygens）认为它由旋转粒子组成；艾萨克·牛顿（Isaac Newton）在提交给皇家学会（Royal Society）的一份备忘录（他在这份备忘录中也介绍了重力）中提出了一个观念，即“所有空间都被一种弹性介质，也就是以太所占据，它能够以与空气传播声音振动相同的方式传播振动，但速度要快得多。”[4] 牛顿认为，快速移动的微粒组成了以太。至少在一个世纪的时间里，他的理论在学界屹立不倒。

牛顿的理论之所以能持续这么长时间，可能是因为它的适用性强；此外，它作为参考依据，可以使计算更容易，理论更具有说服力。到了 19 世纪，以太的存在不仅被认为是公认的事实，它还被引入其他关于自然机制的理论中。1889 年，电磁学的两位先驱奥利弗·亥维赛（Oliver Heaviside）和海因里希·鲁道夫·赫兹（Heinrich Rudolf Hertz）之间的通信表明了这种信仰有多深。亥维赛写给赫兹的信在那个时代很典型，同时他也沮丧地表示无法观察到以太：“我们知道有一种以太，至于以太本身的结构，这是一个更难的问题，在我看来，我们永远无法准确回答这个问题，只能做出一些推测。”[5]

但随后，19 世纪的新一代物理学家开始对以太的整个概念提出疑问，因为以太理论无法解释一些自然现象。我们还不清楚为什么像地球这样的物体可以在太空中移动，而没有任何明显的迹象表明它会因以太施加的摩擦力而减速。相反，地球以稳定的每小时 6.7 万英里的速度围绕太阳转动。如果它穿过一个以太，那么以太会吹出某种风，地球是顺风还是逆风会对地球的运动产生影响。随着人们对以太的讨论越来越深入，并且开始聚焦于一些非常细枝末节的问题，于是科学家们展开了一些具有划时代意义的实验，实验结果表明，此前几代的科学家都是错误的，令人羞愧。

1887 年 4 月至 7 月，美国物理学家阿尔伯特·迈克尔逊（Albert Michelson）和爱德华·莫雷（Edward Morley）在克利夫兰郊区如今名为凯斯西储大学的学校展开了实验。迈克尔逊在海军从事研究工作时，设计了干涉仪的原型，在过去几年的大部分时间里，他为了探测以太风付出了艰苦卓绝的努力，以至于在 1885 年，他神经崩溃了。1887 年春夏两季，他和莫雷最终安顿下来，住进了不受干扰的石头宿舍，他们非常希望能够制造出一种足够灵敏的设备，能够检测出光线在顺着和逆着以太风时传播的差异。他们做到了。然而，他们的干涉仪从油灯中分离出光线，以垂直的角度将每束光束上下传送到设备的臂部，然后再将它们重新聚集在一起时，光束同时到达了。与他们所设想的结果不同，光线并没有任何延误。迈克尔逊在给英国同行的信中写道："地球和以太的相对运动实验已经完成，实验结果是以太并不存在。"在 1902 年、1903 年和 1904 年其他物理学家的实验中，结果也是如此。突然间，似乎极其重要、实用的以太并不存在。根本没有以太这回事。

以太的观念不再行得通，旧的理论体系崩溃了，学界需要新的理论。就在迈克尔逊和莫雷失望地从地下室出来之前的几年，一位物理学家在德国出生了，他后来提出了最好的理论。1931 年，在阿尔伯特·爱因斯坦（Albert Einstein）因其科学成就而成名很久之后，他在加州理工学院为他举办的晚宴上第一次也是唯一一次见到了阿尔伯特·迈克尔逊。据他的传记作家阿尔布雷希特·弗尔辛（Albrecht Foölsing）称，爱因斯坦在晚餐后向包括这位年迈的物理学家在内的 200 人发表了演讲，并特地感谢了迈克尔逊在爱因斯坦“还是个小男孩，身高不到三英尺”时所做的研究工作。

爱因斯坦对迈克尔逊（他在这次晚宴之后四个月去世了）说：“是您带领物理学家们走上了新的道路，您卓越的实验甚至为相对论的出现铺平了道路。”[6]

阿尔伯特·爱因斯坦推翻了以太理论，并指出宇宙比柏拉图、亚里士多德、笛卡尔、牛顿或其他任何人所理解的要复杂得多。不过他指出我们可以测量它。我们只是不能同时测量宇宙的各个要素。例如，他的相对论表明，空间和时间不能分开测量，因为它们相互关联。而且由于时空连续性的存在，以及巨大物体对它的影响，同一时间发生在你身上的事情，也可以在不同时间在我身上发生。爱因斯坦发现，如果要收集必要的信息来辨别某个物体的某个事实，比如它在空间中的走向，观察者就不能同时收集关于另一个事实的信息，比如它在同一时刻所处的位置。万物都是运动的。并不存在一个以太海洋，让物体在其中运动，并且可以据此测量物体。在任何时间，一切物体都是相对其他物体在移动；而且在数学领域，我们也必须适应这种新的流体模型。

我认为我们仍然处于决策技术的阶段，在这个阶段，我们天真地认为有某种以太，我们可以根据它来测量我们所构建的东西的有效性。它被称为目标函数。

在知名的人工智能博客 Abacus 上，丹尼尔·克罗诺韦特（Daniel Kronovet）以一种可能会受到笛卡尔、牛顿和其他前相对论物理学家认可的方式介绍了目标函数的概念。

> 打个比方，我们可以把模型参数比作海上的一艘船。算法设计者的目标是尽可能高效地在可能值的空间导航，将模型引导到最佳位置。
>
> 对某些模型来说，导航可以非常精确。我们可以想象这是一艘在晴朗的夜晚依靠星星导航的船。然而对其他人来说，这艘船被困在雾中，无法看清水域的全貌，只能小步前行。[7]

但是人工智能，特别是当它接到指令要求解析人类行为模式时，它是在比水域更复杂的环境中航行，航行的目标不是最近的目的地，而是比之复杂许多，而且你我的目标函数可能大不相同。

我曾参加过一次会议，一组研究人员向一屋子的行为科学家和政治科学家们展示了他们的“道德人工智能”原型，这是一个可信任的系统，能够在运行时兼顾道德因素。（我参会时签订了一份协议，我可以分享会议的内容，但不能提及参会人员。）首席研究员点击了身后的幻灯片，介绍了他们团队的计划：整理了一长串未完成的句子，句子的格式是“作为一个同事，永远不应该［空白］”。接着让人们完成几千个句子填空，然后训练人工智能找出结果中隐藏的模式，并开始填空。他把遥控器放在桌子上，总结说，如果有足够的训练数据，“我们认为我们可以总结出一套人类社会的普世价值观。谢谢。现在你们可以提问了。”

房间里所有人都举手了。第一位提问的是一位政治科学家，她说：“我有三个问题问你。首先，什么是‘普世’？其次，什么是‘人类’？最后，什么是‘价值观’？”会场开始沸腾起来。

一个多世纪以来，社会科学家虽然没有使用目标函数这一术语，但他们一直在质疑人类物种是否有一个目标函数。卡尼曼、特沃斯基、泰勒和贝纳基等人研究了决定人类本质的基本思维程序，以及做出哪些调整可以让人类变得更好。不过，越来越多的新一代社会科学家和政治科学家不再关注这个问题，并质疑在某些情况下，甚至在大多数情况下，我们是否可以就“更好”这一普遍概念达成一致。他们指出，对你我来说是“更好”的事情，对与我们处境不同的人来说，可能是“更糟”。而他们的质疑告诉我们，我们并非在同一片大海中朝着一艘船或一个目的地航行；而且在普世的媒介中为了实现一个普世的目标，通过开发一个自动化的系统来衡量成功与否，这本身就是一个很危险的行为。

在这一点上，我主要担心的是人工智能，比如它努力寻找模式、我们过度看好它、它不透明的运行方式。但我不认为调整人工智能的开发方式，就可以保护自己免受第三个循环的影响。我们还需要认识到，我们行为中的模式并不总是指向理想的目标函数。使用人工智能在社会中做出重要选择之所以存在问题，并不仅仅是人工智能本身的原因。我们所面临的一些选择根本就是不可能完成的任务。

社会选择理论

约翰·帕蒂（John Patty）和伊丽莎白·佩恩（Elizabeth Penn）教会了我这一点。他们是埃默里大学的夫妻档学术团队。他们都是政治学教授，同时也是数学家。其他政治科学家们往往基于正统理论开展研究，将人类视为拥有理性目标的理性行为人，但这两位科学家则尝试用数学解释人类无法共处的原因。实际上，在其他人仍在试着用以太测量人类选择的物理参数时，帕蒂和佩恩已经开始认识到，正如爱因斯坦所说的，事情比我们想象的更难测量。

在 2014 年出版的《社会选择与合法性》（*Social Choice and Legitimacy*）一书中，帕蒂和佩恩提到了我们是否能够将相互冲突的个人目标统一起来，形成一个伟大的集体决策。很显然，他们正在尝试解释最棘手的事情。帕蒂和佩恩并没有像公民课教给我们的那样，认为人们可以通过在市政厅或全国选举中的认真讨论达成令人满意的共识，相反，他们认为令人满意并不是我们应该追求的目标。

他们写道："简而言之，任何最低限度的民主聚合程序必然会遇到一些状况，无法产生合乎逻辑的（或是'有序的'）集体偏好。”作为一个群体，有些事件我们根本无法达成一致。那么，我们能期待什么呢？帕蒂和佩恩认为，与其像许多同行一直呼吁的那样，直接放弃形成统一民意的想法，不如向公众解释决策及其依据的原则，让人们感到决策过程具有合法性。他们知道这无法让每个人都满意。这样的结果并不能成为电影结束时的精彩演讲，也不能成为朗朗上口的曲调。“我们的理论并没有提供任何具体的理由，因此不能期望所有人都会对这样的过程得出的结论感到同样满意（也可能有些人并不满意）。但这可以说是合法性的关键所在：一个合法的决定是有意义的，尽管没有得到普遍的认可。”[8]

他们所写的并不是关于人工智能或目标函数，不过也可能是。他们的社会选择（social choice）理论曾被一位评论家称为“更厚重的民主概念”，[9]该理论认为，为了在法律、政治或行政方面取得令人满意的结果，我们需要确信法律、政治和行政系统知道它们在做什么。我们必须了解形成决策的规则是什么。如果人类继续利用不透明的、专有的人工智能系统进行评估和判断，那么所有这些都是镜花水月。

企业出于商业上的权宜考虑，对作为服务实现手段的人工智能的内部运作方式并不重视，也没有考虑可能会产生的道德风险。而且大多数企业都在反复使用一种人工智能。对大多数企业来说，为手头任务专门开发人工智能的成本高得令人望而却步。为了降低成本，他们会将过去基于其他目标函数开发的算法用于其他领域的项目。这种情况越来越普遍，同一种机器学习算法被应用到各种项目上。这就产生了一种风险，即某些重复使用的人工智能应用于不适合的项目，而它可能沿袭了在其他数据集中习得的算法习惯，导致它在新项目中得出的主要结论出现偏差。正如加州大学伯克利分校计算机科学教授莫里茨·哈尔特（Moritz Hardt）对我说的那样，谈到开发公平有效的算法时，“贷款和刑事司法的算法不同，大学录取和累犯预测也不一样”。而如果算法出错，“对社会、个人和决策者的成本是大不相同的。”将相同形式的人工智能应用于不同项目可以省钱，还可以创收。他告诉我，这些目标函数并不是通用的。“并不存在一个简单的、通用的定义，我们将它应用到我们的算法，就可以解决问题。”然而，很少有企业高层会检查他们使用的人工智能是如何工作的，因为这项技术似乎可以提供可靠、高效的结果，谁会担心那些微妙的、隐藏的算法影响和偏见？这些问题藏于深处，可能经年累月才会表现出来。

我希望针对这个问题的解决方案就是改进算法，或者要求算法可解释，抑或要求企业在将受过食谱推荐训练的人工智能用于简历分类系统时能告知我们。但这不仅仅是一个设计问题。

过去，这种改变世界的技术是由学术机构、国家实验室、国防部开发的。而如今，人工智能技术的改进完全依赖于营利性企业。它是为了赚钱而被开发的。然而，针对这类技术行业（如开发决策指导技术的行业），其市场营销、自由主义政治和持续被社会接受的基础是技术能使我们的生活变得更美好的假设。这一假设推动了人工智能的应用，在此之前是智能手机和互联网。这反映了西方社会的基本假设，即事情总是越来越好；也反映了美国社会的基本假设，即资本主义给出的解决方案能帮到每个人。我很担心，人们为了利益在人工智能中创建的某些内容将从根本上重塑人类行为，且容易找到并放大人类行为中最坏的一面，这就违背了以上所有的假设，而我们对此毫无觉察。

1853 年，一神论牧师西奥多·帕克（Theodore Parker Jr.）在谈到废除奴隶制的前景时说："我不想假装理解道德世界；道德之弧很长，我只能窥见一段；我无法凭视觉的经验来计算曲线并绘制全貌；我可以通过良心来推断它。就我所见，我确信它偏向正义。" 1950 年，蒙哥马利巴士抵制运动结束时，马丁·路德·金（Martin Luther King Jr.）发表了关于美国人人平等前景的演讲，其中他引用了道德之弧的比喻："需要多长时间？不会很久，因为道德之弧很长，但它偏向正义。"美国前总统奥巴马常常在演讲中引用马丁·路德·金的话。

这是一个很好的想法，而且可能确实如此。但想想看，在大约 7 万年的时间里，人类才有了这类理想主义的想法，仅仅是在近几千年里，人类才表达出了这种情感。正如帕克所说的那样，人类的历史还不够长，我们根本无法得知它是不是一条弧线，以及偏向哪个方向。我们并不是在注定通往更好的生活的航线上。我们所创造的东西并不是必然会让世界变得更好。我们的生活并没有既定剧本，我们小心翼翼地平衡着政府、伙伴关系和社会准则，而我们对此还很生疏。什么是普世？什么是人类？什么是价值观？

里德尔的研究

想象一下，如何向从未进过餐厅的人讲解在餐厅用餐的过程。

你走进餐厅，看到到处都是桌子。你可能看得到厨房，也可能看不到。无论如何，不要坐在厨房里。你要坐在桌子旁。但是不要选择没收拾干净而且没有刀叉的桌子。有些餐厅不会放置刀叉，桌子可能是空的。你要在门口等几分钟，看看餐厅是否会有人领你入座。好的，现在你可以坐下了。

马克·里德尔（Mark Riedl）多年来一直致力于完成这项令人发狂的工作，当然不仅仅是编写餐厅礼仪指南。他想要教机器人各种人类行为。但这个问题极其复杂。人际交往的每一条规则都有一个微妙的例外，决策树的分支层出不穷。里德尔说："有些餐厅需要排队等位，但在其他文化中，排队的规则并不一样，人们还会插队。"

并不存在人际交往手册这种东西，里德尔叹息道："如果想学习社会规则，那么你必须亲身前往当地学习。"

里德尔的学术生涯始于2008年，当时他在尝试开发可以随着故事的发展来自动重写情节的电脑游戏。"我在北卡罗来纳州有一位顾问，他想用人工智能来操纵电脑游戏。他希望跳出传统的情节，就像你想突然加入坏人中一样。但要做到这一点，你必须开发一个故事生成器。"许多研究进行到这里发现此路不通。计算机可以将预先写好的情节点随机串在一起，但它们不知道如何将其组合起来才能达到人类期望。

因此，里德尔尝试借助人类独有的知识来源：我们的故事。他说："听故事并从中学习的能力是我们的一大天赋。"他开始研究用故事来教机器人预测人类社会中情节的走向。

令人遗憾的是，这很难做到。里德尔说："在我的一个故事理解系统中，我们做了数学运算，设置了数以千计的分支选项。"对计算机来说，在餐厅柜台点单是极其复杂的，虽然对人类来说，里德尔认为："餐厅中的人际互动仅仅是一个小型的、固定的、约定俗成的场景。"

2016 年，里德尔和同事布伦特·哈里森（Brent Harrison）在佐治亚理工学院合作研究，随后发表了一篇名为《从故事中学习：使用众包叙事来训练虚拟代理》（*Learning from Stories: Using Crowdsourced Narratives to Train Virtual Agents*）的论文。他们介绍了一款名为 Quixote 的软件，它可以学习人类故事并从中提炼一些可传授的规则。在对 Quixote 的首次测试中，他们试着教 Quixote 一些应对银行抢劫的大致规则。

他们的抢劫场景涉及三个角色：一名银行出纳员、一名抢劫犯和一名警察。每个角色都只有几个可选动作，比如按下报警按钮、挥舞枪，不过对现场"导演"Quixote 来说，它面对着数以百万计的分支选项和对应故事情节的组合。起初，Quixote 不知道如何撰写抢劫的脚本。毕竟它对故事情节和紧张感并没有兴趣，也不像我们人类对故事的走向有一定的预判。它只是一个软件。它只想尽可能高效地完成这项任务。因此，它只是将故事情节串在一起，用最简单的方式完成任务。例如，警察站在一旁，让强盗畅通无阻地离开；又或者强盗拿到钱，然后在大厅里无休止地徘徊着，等待警察出现。然后，哈里森和里德尔在网上招募了一些人，让他们用 Quixote 可以理解的简单英语，简短描写一次典型的银行抢劫案。

很快，Quixote 就编写了一出就连好莱坞编剧都会认可的银行抢劫案：盗贼掏出手枪，出纳员按响警报器，警察过来了，开始追捕盗贼。用故事教机器人的方法奏效了。这个过程证实了里德尔和哈里森的观念：给机器人讲故事可以教会它们人类的惯常做法。

他们的工作主要由军方出资，美国海军研究局（ONR）和美国国防部高级研究计划局（DARPA）都投入了巨资来研究机器人助手这一概念。军方已经为这类项目投入了数十亿美元。

美国海军研究局负责拨款的官员解释了他们为什么对里德尔的研究项目感兴趣，他们主要考虑了以下两点。第一，军方希望降低非技术人员开发模拟器的壁垒。里德尔说："打个比方，如果想搭建一个'外国'小镇的仿真模型，但相关专家都不是程序员。关于此地的细节，如角色、田里的农民，以及你出现时他们会做些什么，你怎么将这些内容教给程序？"第二，军方的另一个兴趣点是开发机器人系统，它将与人类操作者共处，或是与人类共事。里德尔说："我们往往假设机器人的行为会像人一样，如果它不这样做，我们就会很惊讶。"未来，机器人会背着士兵的物品，或开车载士兵，士兵们需要能够合理预测机器人的下一步行动。由于人类有一种倾向，我们会将看起来像人的物体拟人化，如果士兵们无法预测机器人的行动，就会陷入困境。我们不应该期望机器人以人类的方式行事，但从实际情况来看，我们确实如此。里德尔说，他给机器人讲故事的目的之一是防止机器人以我们认为不适当的方式行事——他用了“精神病”一词。里德尔和哈里森希望，给机器人讲人类故事可以让它们表现得更像人类。

抉择时刻

现在我们已经讨论了人工智能领域中的几股力量：技术分析找到了我们自己没有觉察到的相关性，据此做出决策；过程的不透明性；我们渴望利用人工智能高效开展业务；人类自古以来往往认为事情比实际上简单；人们渐渐意识到，人类决策比我们想象的更容易预测，而人类的目标则比我们想象的更复杂。现在，里德尔和哈里森以及其他想要教机器人学习人类决策的科学家们还面临着一个问题：我们大多数决策都是无意识的，而且往往植根于本能，但如果有人向我们指出，我们会有意识地反对这一观点，人类社会的建立，是为了厘清我们独立决策后所采取的行动的正确性。

如果一个孩子突然跳到路上，迎面而来的是一辆卡车，卡车司机将面临一系列即时的、艰难的分支决策。继续向前开，可能会撞死孩子？把方向盘拉到别的方向，让卡车开进迎面而来的车流，可能会导致无数人受伤或死亡？或者转向另一个方向，让卡车从悬崖上掉下去？

等到司机做出了决定，这个可怕的抉择时刻就结束了，救护车将伤者和死者抬走，警方发布了通报，然后就会有人对他的选择做出评价。

司机喃喃地说：“这是本能。我不知道为什么做出了这样的决定。”因此，调查会集中在司机是否清醒、卡车是否存在故障，以及孩子的父母是否有过失之处。最后，正义的车轮——警察、法院、陪审团——会得出结论，裁定过错和赔偿，以及制定可能防止此类悲剧再次发生的政策。

而对自主系统来说，这种评价不能等到事后开展，必须提前进行。自动驾驶汽车只会根据规则采取行动。必须事先就教会它遇到这类情况时应该如何应对，这样它才能正确评估是否继续往前开撞上一只鸡，以避开一个小孩。我们必须教它是选择坠下悬崖，还是开入迎面而来的车流。

如果有足够多的故事，我们就能教会机器人系统每次都做出完美的决定吗？里德尔说：“我们并不能以有逻辑、连贯的方式写下我们的价值观。”他的想法呼应了当初满满一屋子社会科学家所探讨的人类价值观的观点，呼应了爱因斯坦提出的时间和空间相对性的观点，也呼应了帕蒂和佩恩关于放弃共识、寻求合法性的观点。这是“道德人工智能”面临的巨大挑战。里德尔和哈里森等人都在尝试使用模式识别来挑选一组连贯的人类价值观，而我们人类自己还不了解这些价值观。里德尔说：“我们要求自主系统完美，但我们能够容忍人类的错误。”他想了一会儿，继续说道：“我没有答案。”

在这一点上，我们很显然面临着人工智能及我们对它的野心同个人和社会的倾向及需求之间的冲突。我们给人工智能一个目标函数，并期望它以无情的效率实现这个目标，我们希望有一个可以衡量人工智能的以太，但其实为人类设定目标函数这件事情本身就有问题，因为我们的目标并不一致。但让我们假设一下，比如说，人工智能的功能应该是让人类的生活总体上变得更好，那么我们如何开始确定该算法的目标函数？

如何确定目标函数

2019 年，一位人工智能研究人员告诉我，他和同事们一直在研究一个被称为“海洛因难题”（the heroin problem）的假设性道德困境。（值得一提的是，减害专家其实已经在这一领域深耕多年，并将阿片类药物滥用重新定义为一种痛苦，而非一种选择，这么一来，他所提出的这个二元实例就显得过时了。因此，我们也要考虑到，有时候人工智能研究人员埋头研究一些观点，但他们往往并不了解自己领域之外的最新研究进展。）

他这样向我介绍“海洛因难题”：想象一下，客户要求开发一个基于人工智能的深度个性化助手，它可以寻找模式并主动帮助客户尽可能高效地实现目标。让我们想象一下，大多数用户使用该产品是为了更好地为退休存钱，因此人工智能开始在数据中寻找与财务增长相关的信号。换言之，目标函数是“尽可能多地存钱”。（但请注意，这种事情根本不存在。没有人会靠着骗人们不花钱来赚钱。这就是为什么你从未在电视上见过花哨的 Roth IRA[①] 或 401K 广告。）人工智能可能会立即将任何额外收入存入投资账

① Roth IRA 是由参议员威廉·罗斯（William Roth）倡议并通过的一种个人退休账户。Roth IRA 允许个人将税后收入的一部分（每年有不同额度）放入此账户，满足一定条件下，其投资所得将享有免税待遇。

户，并礼貌地建议取消一些过去曾经花过钱的约会。

他对我说：“但现在想象一下，你对海洛因上瘾了。那么目标函数应该是什么？”人工智能是否应该从它分析过的所有其他人身上学到经验，比如从那些存钱的人身上，并试图让我摆脱这个习惯？或者，它是否应该适应我作为海洛因成瘾者的情况，比如说，优先安排我与其他吸食海洛因的人在一起的时间，或者避免让我去一些约会，因为过去的模式表明我会因戒毒太过虚弱而无法前往？

即使从技术的角度来看，确实可以设定让人工智能去追求这些目标，但我们怎么确信人工智能的开发者对追求一种能够处理人类多样化的、微妙的行为和满意度的技术感兴趣？毕竟，人工智能的出现是为了追求利润，而不是追求完美。因此，我们尚不清楚主导该领域的少数企业是否有理由担忧人工智能的短期便利性，就像 19 世纪物理学家怀疑以太理论的短期便利性一样。想象一下，当迈克尔逊和莫雷在凉爽的石头地下室中调整干涉仪的臂时，世界其他地方的研究人员发现，无论人类对宇宙的理解会受到何种抽象的长期挑战，人们都可以借助以太计算赚取巨额金钱。如果以太理论能够节省大量的计算时间，得出看似合理的结果，并让人们获得经济回报，就像人工智能一样，将广告商与潜在买家相匹配，将政治观点与听众相匹配，从而扰乱了一个又一个行业，那么我们很可能仍在谈论以太风和一种理论上的普遍性物质。人工智能的用途与真理、科学和更深层次的理解无关，至少这不是企业投资开发人工智能技术的原因。像“海洛因难题”这样的问题本身就够难了，而如果你再去考虑人工智能的营利目的，这更是预示着灾难。

因此，尽管从这一点上可以清楚地看到，如果利用人工智能赚钱，就会出现我们无法控制的社会决策力量，盲目地将我们引向各种可怕的方向，但这一切都不会影响人工智能相关商业的发展。这就是我们陷入循环的原因所在。

第八章

沉沦

循环的最后一环，是模式识别技术和无意识的人类行为的融合体，它目前还是碎片化的，尚未完全成形。但它的零部件正在世界各地、各行各业被组装，可以应用于你生活的方方面面（一种算法可以识别出你的葡萄酒品味模式，也可以可靠地识别出你可能会穿的衣服以及你可能喜欢的现场音乐会模式），这意味着它们将随着时间的推移自然地连接在一起。如果这种情况发生在行为效应成为法律和监管的依据之前，那么在我们生活的世界中，我们的选择范围会越来越窄，人类主观能动性将受到限制，我们最糟糕的无意识冲动将统治社会。有些人似乎认为人工智能会解放我们，使我们在这个世界上自由活动，不受繁忙工作或不确定性的拖累。我很担心，如果我们陷入了抽样行为数据和推荐的循环，那么我们将被卷入令人崩溃的选择螺旋，跌到底部之后我们不再知道自己喜欢什么、如何做出选择、如何与他人交谈。

我想在这一章中解释决策技术是如何轻而易举地渗透到我们

生活的方方面面的。虽然我将要介绍的例子可能会让人感觉并无关联，但请记住，机器学习具备互操作性，这意味着一组用来做一件事的算法也可以很好地做其他很多事，而你永远都不会知道它的不同角色，所以人工智能在你生活的一方面所做的任何事情都将不可避免地蔓延到其他方面。关于循环的第三环，我可以找到各种行业的案例来描述它。但我想从监视开始，因为它很容易理解，它已经在以无意识的方式改变我们的行为，而且它的影响正在迅速加剧。

人工智能驱动的全新监控技术

新冠病毒疫情暴发之初，美国的封锁措施持续了 5 周，到 2020 年 4 月底，有 2 600 多万美国人申领失业救济。人们首次清楚认识到，这是一次严重的大型经济危机。此后，美国和国际社会开始寄希望于找到某种方式来监控病毒的传播，同时恢复正常生活。意大利威尼托大区政府主席说，要为新冠病毒抗体检测呈阳性的人建立工作许可证制度。威尼托大区是已知的最早有人死于新冠病毒的意大利地区。英国等地的公共卫生官员开始公开讨论给抗体检测阳性的人发放“护照”或疫苗接种卡的可能性，让他们能重新开始工作和旅行。谷歌和苹果公司宣布了一项合作开发 App 的计划，该 App 将使用蓝牙检测附近的手机，如果用户自愿让 App 记录自己的新冠检测结果和接触史，而他们密切接触过的人后来被判定为具有传染性，App 就会发出提醒。检测和认证系统的逻辑是一目了然的。而要确定谁不再对公众构成威胁，可能需要某种中央公共数据库。谷歌和苹果这种无处不在的公司参与此类项目似乎是不可避免和无可争辩的。与此同时，我开始收到一封又一封来自声称已经开发出接触史追踪系统的公司的电子邮件，因为从技术上讲，开发这些系统相对简单：从理论上讲，任何拥有定位 App 的公司，都可以追踪用户的行为、位置、社交情况，这些是接触史追踪系统的组成部分。当前，开发监控技术已经成为一个关乎公共利益和公共健康的问题，这种情况在人类历史上是相当罕见的。

不久后，一套主要由人工智能驱动的全新监控技术进入了公众视野。一家名为 Draganfly 的公司（该公司曾经发明了四旋翼"四轴飞行器"无人机）联系我，向我介绍了一项新技术，他们声称公共卫生部门使用该技术即可从空中检测到新冠病毒。

南澳大利亚大学的研究人员发明了一项技术，只需要一次无人机飞行，即可快速发现地震或海啸等大规模伤亡事件的幸存者。稳定器可以使 4K 分辨率视频画面高度保持稳定，然后人工智能可以将视频中的图像与人类呼吸运动的训练数据进行比较。研究人员发现，一旦系统看到了足够多的人呼吸的画面，它就可以根据哪怕是最浅的、绝望的呼吸动作，将活人和死人区分开来。

现在，他们发现可以用类似的方法收集其他有关生命的数据。这个系统不仅能学会识别呼吸，还能细分呼吸的频率和深度，辨认出不健康的呼吸急促、心率加快。它还可以根据咳嗽严重程度，对人们用手肘掩住口鼻咳嗽的动作进行归类。这项技术可以分析人的肤色，并将其与肤色相似的人进行比较，从而发现脸特别红的人；再将肤色、心率和呼吸结合起来判断，它甚至可以识别出发烧的人。这大概就是一个呼吸道病毒检测系统的运行机制。

研究人员已经在 Draganfly 的一架无人机上使用了他们的技术，并联系了该公司，希望进一步合作。2020 年 4 月，该公司准备在他们能拿到许可的地方运行这个扩大化的生命数据统计项目。在康涅狄格州的西港市，警方同意实施了这一项目。

西港市警察局局长福蒂 · 科斯基纳斯（Foti Koskinas）跟我说，警察局已经在运营一个技术含量很高的监控平台。他语速很快，显然对自己的工作充满自豪。西港市的 2.8 万居民中有许多人每天往返曼哈顿，几家金融服务公司也在市里设有办事处，因此这里的火车站非常繁忙。在车站上下车的大约有 6 000 人，他们可能没有意识到，自己一上站台，脸部就会被警方扫描。他说："警察局有近 200 台摄像头，监控火车站和辖区的其他地方。摄像头可以识别人脸和车牌。为了收集数据，我们做了大量的工作。"西港市是美国东海岸最繁荣、种族最单一的城镇之一，家庭收入中位数接近 20 万美元，白人占 92% 以上。尽管多年来，人们一直在批评人脸识别系统的种族偏见问题，但警方和市政府并没有因此放弃部署摄像头来监控市民。

科斯基纳斯局长还表示，自 2016 年以来，他们固定有 4 架无人机在城市上空巡逻。"我们有那么多公园、校园、海滩，还有一座岛，巡逻轮班不可能覆盖这么多地方。"他告诉我。无人机已经被用于检查屋顶、寻找失踪人员，以及发现和驱散 Draganfly 软件识别出的未能保持社交距离的人群，当时该公司提议将西港市作为其症状检测软件的试点区域。

正如 Draganfly 的 CEO 卡梅伦·切尔（Cameron Chell）所述，开发这项技术并不是为了识别某一个人的身份。他们在该技术第一阶段的目标是生成给定区域的感染率。

但很快，切尔告诉我，他认为国家将需要持续的监督来恢复和振兴经济。他说："我们重新达成的共识似乎是，开展广泛的健康检测已经是现行的新标准。"或许可以这样，如果想要重启体育运动和工作聚会，在你加入聚会前，无人机就会给到你它扫描人群后得出的风险提示。"所以，如果会议中心没有健康监测系统，不能给我们提供关于病毒的提示或读数,我会想进入会议中心吗？"

这就是科斯基纳斯局长想要实现的目标。他告诉我："今天，为了重新开放我们的社区并使它保持开放状态，我要用到一切可能的工具。我觉得我们非常适合去探索这个问题。"

因此，在 4 月 20 日的那一周，一位美国联邦航空局（FAA）认证的无人机驾驶员开始操控一架无人机来巡视在公园里踢球的人、在超市外面排队的人、在西港市中心街道上行走的人，这么做不仅是为了确定他们是否离得太近（无人机带有扬声器，可以提醒人们离开人员密集的公园或保持更大的社交距离），而且也是为了检测出新冠病毒。

科斯基纳斯局长说，他的部门过去曾采用过激进的新技术。在距离西港市北部半小时车程的桑迪胡克村（Sandy Hook），2012 年曾发生过一起 20 名儿童被杀事件，这一事件改变了他们警察局。他告诉我："我们的准备和训练方式改变了。现在，一名普通警察携带一支威力强大的步枪每 8 小时轮班已经成为惯例。”无人机驾驶员计划看起来是他必须要做的事情。“这可能并没有什么前景。但不考虑保护我们的社区吗？我认为这是不负责任的。”

这个项目并没有持续太久。我为 NBC（美国全国广播公司）新闻报道无人机的那天，警察局收到了铺天盖地的投诉，最后只好取消了与 Draganfly 的合作。Draganfly 的一名代表后来告诉我，人们知道自己被头顶飞过的摄像机记录和评估后感到非常不安。

但科斯基纳斯局长表示，他认为警察局从现在开始必须监测健康状况，以保护和服务西港市的居民，所以这项测试是其中重要的一部分。

我问他：“所以你可以想象，在未来，一场小型联赛、一场美国网球公开赛、一辆拥挤的火车都会被你的摄像头扫描？然后这项技术告诉你人们又生病了？”

“没错。”他说。然后他停顿了一下，意识到他所设想的是一个怪异的新世界。“我从人性的角度看着这个未来世界说，‘这太科幻了，像是电影《摩登保姆》（*Weird Science*）中的场景’，而且令人失望。情况确实如此。”

我们一致认为这就像我们以前看过的电影情节。“但与此同时，这也是现实，这是我们的新现实。”他说道。

新的现实正在形成

决策指导系统正在帮助我们选择准备晚餐时播放的音乐，告诉我们哪些人的保险成本最高，告诉我们开车往返机场和酒店时应该选择哪条路线。你有多少次会在做饭中途停下来，换掉推荐的音乐，或者不按照地图推荐的路线行驶？这些系统并不只是提出建议；随着时间的推移，它们开始为我们做决定。

从警察和军队早期对这些系统的应用中，可以窥见它们贯穿我们生活的原因。在这些领域，监控技术正在爆炸式发展。为什么？第一，人工智能监控等系统效率很高，对执法系统等机构极具吸引力，如果不采用这些系统，它们需要自行承担艰苦的劳动密集型调查工作。人工智能应用的前景在于，它的处理能力可以使警察们不必再通宵办案。第二，开发这些系统的公司想出了绝妙的理由，让我们不会对使用它们及其伦理影响感到焦虑。而对于技术的进步，我们现在还有时间进行调整干预，因此我们需要理解这些理论的无形促进效应。

举例来说，人脸识别的便利性让人们对它欲罢不能，但如果从社会价值观的角度来看，就会发现它非常复杂。我采访过该领域许多公司的创始人，他们一再保证，人脸识别只是以一种非常有限的方式在应用。现代人脸识别系统一般需要一个人脸数据库来将你的脸与之进行比对。因此，这些创始人告诉我，他们的产品只能将你的脸与一个有限的数据库进行比对，比如员工照片库、某司法辖区的嫌犯照片库。“你不可能走进一个房间，就有人知道你是谁。”一家商业人脸识别公司的副总裁在 2019 年底告诉我：“这叫作‘开集’（open set）人脸识别，几乎是不可能实现的。据我们所知，美国没有一家公司这么做。”

但事实证明，大约有 30 亿人已经在一个庞大的人脸数据库中，这个数据库如此之大，甚至还有可能是开放的，任何有兴趣注册的执法机构都可以访问它。该数据库是由 Clearview AI 公司建立的，这家小公司是《纽约时报》的克什米尔·希尔（Kashmir Hill）首先发现的，他发现该公司与美国各地的警察机关都签订了合同。Clearview AI 会从网络公开的照片中抓取人脸，如果你上传一张人物肖像，它就会与之前浏览过的所有照片进行比对。

在这个系统中看到自己是一件相当吓人的事情。2020 年 3 月，Clearview AI 的 CEO 尊室宏（Hoan Ton-That）和我坐在一台笔记本电脑前，把我的一张照片上传至程序。它立即弹出了一个长达几页的网格，上面是我的其他照片：Facebook 和 Instagram 上的照片、我上电视节目的照片、我和同期申报到基金资助开展研究的同事们的照片。我怀疑这只是因为我作为记者有出镜需求，于是我点击了学术小组中与我站在一起的一名女性的脸。结果我立刻看到了她在网上的其他照片。点击其中任何一张照片，都能看到源网页——关于她的名字、所在机构，所有调查员需要知道的一切都呈现在眼前。

尊室宏告诉我，他的系统只是作为一种调查辅助工具而开发的，它不是也不应该构成犯罪证据，也不应该促成逮捕。

尊室宏说：“这只是一个调查线索。作为调查人员，你必须确认此人姓名，确保他们正在实施犯罪行为，然后去告诉法官，‘看，我现在有证据了’。”

但他的系统对执法部门如何使用信息并没有任何约束力。20 世纪七八十年代，正值毒品战争最激烈的时候，缉毒局常常面临两难困境：如何利用机密来源的信息起诉毒品犯罪，同时不必在法庭上透露线人姓名使其陷入险境。因此出现了一种叫作平行结构（parallel construction）的法律策略，举例来说，美国缉毒局（DEA）调查员可能会从一个机密来源得知了毒贩的身份，然后指示当地警察跟踪毒贩的车，直到其驶过停车指示牌或超速，然后警察拦下毒贩的车，在车上搜出毒品，就可以立案了。这种方法简单易行，但也是尊室宏所说的绝对不能做的事情。这种做法的问题在于它过于简单。

后来，这种做法得到进一步完善，现已发展成一种利用道德方面尚存疑的监控技术作为逮捕依据的方法。路透社记者约翰·席福曼（John Shiffman）和克里斯蒂娜·库克（Kristina Cooke）在2013年的报告中引用了一位不具名的美国缉毒局高级官员的话："平行结构是我们每天都在使用的一种执法技术。"该官员称其为"几十年前的基本概念"。而这一基本概念意味着，调查人员不仅无法抗拒人脸识别等事物的吸引力，同时他们还建立了一个完整的道德和程序体系来支持人脸识别。

我问尊室宏，任何执法机构只要提出请求，就可以在他的系统开通账户，对警官来说这样是不是太过于方便了，以至于他们无法抗拒这种方式的信息滥用。他告诉我，特定部门的管理人员可以对警察使用系统的权限加以约束，但从根本上说，他的工作是开发该工具，而不是建立配套的道德规范。

他告诉我："我们希望警察以一种负责任的方式来使用这个工具，同时我们也希望它在警界得到更多的应用，因为每一个案件的侦破、每一个杀人犯被监禁，对整个社会都是有利的。”

但如果警察陷入技术和选择范围缩小的循环，会发生什么呢？如果他们可以选择不用亲自完成大量调查工作，用软件即可识别嫌犯身份，他们会作何选择？如果在制定警务预算和工作安排时，就计划用软件代替警察的部分工作，以此省掉付给警察的加班费，会发生什么？这些是我们现在必须回答的问题。因为从一方面来说，这项技术不仅仅是用来应对最令人发指的罪行。与尊室宏会面的三个月后，我采访了罗伯特·威廉姆斯（Robert Williams），他住在底特律地区，是两个孩子的父亲，没有犯罪记录。他在家门口的草坪上，当着年幼孩子们的面突然被捕，被指控抢劫市中心的一家手表店。在警察局，警察给他看了一张从人脸识别系统导出来的打印照片，这张模糊的照片是监控摄像头拍摄的，他抓起照片，举在自己脸旁。“我希望你不要觉得所有黑人长得都一样！”他说他跟警察这样说。很明显，他不是他们要找的人，最终他被释放了。但他的生活永远改变了：即使他历经艰辛删除了记录，但他的被捕情况仍可能出现在未来的背景调查或工作申请文件中。

事实证明，任何在社交媒体上发布过的脸部照片都会存入公共数据库中供警方使用。我与威廉姆斯交谈的那个月，纽约市活动人士德里克·英格拉姆（Derrick Ingram）在唐纳德·特朗普（Donald Trump）生日之际参加了曼哈顿“黑人的命也是命”抗议活动。英格拉姆也被人称呼为 D-Wreck，他在高中时经常参加抗议活动，二十出头的时候戒掉了这个习惯。现在他又开始参加抗议活动，他情绪激烈，带着扩音器。在他公寓楼的院子里，他告诉我："那天，情绪和愤怒从扩音器里溢出来了。"照片显示，英格拉姆站在警戒线的另一边，手拿扩音器对准一名距离他一英尺左右的女警官。英格拉姆说，他不记得他与警察接触的具体细节，他的案子仍在审理中，他没有和我分享细节，可能是担心影响辩护策略。但纽约警察局在推特上发布了当天的照片，以及英格拉姆在 Instagram 上的照片，他们宣布他因"袭击市中心北区的一名警官"而被通缉。他们说，英格拉姆通过扩音器近距离对这位警官大喊大叫，损伤了她的听力。几周后，当英格拉姆在曼哈顿公寓的家中时，警察来到了他家门口。

他拒绝在没有搜查令的情况下让他们进来，双方僵持了一天。英格拉姆说："局势几乎每 30 分钟就升级一次。"警方很快展示了对英格拉姆背景的了解，根据他们所提到的内容可以得知，他们一定看了他发布在社交媒体上的帖子，而这正是 Clearview 所做的事情。"他们还提到了我的祖母，说，'德洛雷斯（Delores）会怎么想？'"英格拉姆的帖子经常提到他的抗议组织"花园勇士"（Warriors in the Garden）。"他们引用我的话说，'你不能成为你所说的那个勇士吗？'"

最后，纽约警察局派出大约 50 名警察以及无人机和警犬到英格拉姆家。一个摄制组恰好拍到了一张照片，上面是监督人员拿着印有英格拉姆 Instagram 上的照片的传单，照片下面写着"人脸识别区"和"线索报告"。英格拉姆那天没有开门，他直播了双方对峙。第二天，他自首了。

纽约警察局发言人在一份声明中证实，英格拉姆案中使用了人脸识别系统，但这是一种“有限的调查工具，将监控视频中的静态图像与合法数据库中的逮捕照片进行比对”。英格拉姆告诉我，他曾在另一个州被捕，但从未在纽约被捕。纽约警察局没有解释英格拉姆在社交媒体上的照片是怎么来的，尽管其关于人脸识别系统的公共政策规定，“在极少数情况下……如果有正当需要，侦探长、情报与反恐副局长可特别批准将身份不明嫌疑人的图像与嫌犯照片库以外的图像进行比对”。

六个月后，特朗普对咆哮的人群说，“你们必须展示出力量，你们必须坚强”，以及“我们必须更加努力地战斗”，随后，现场有数百人强行闯入国会大厦，与警察发生冲突，他们最终进入了众议院和参议院。那天，有数以千计的闯入者的照片和视频流出，我联系了尊室宏，询问他联邦调查局（FBI）和国土安全部是不是他的客户。他给出了肯定的回答。第二天早上，我与亚拉巴马州牛津市警察局的贾森·韦布（Jason Webb）警官交谈，他自称是“Clearview 的超级用户”，作为联邦、州和地方执法部门的融合中心的一分子，他表示，多亏了人脸识别技术，他正在积极地向联邦调查局的同事提供国会暴乱者的身份信息。当时他告诉我，他已经提交了 5—10 份身份证明。他说：“有那么多视频，可以看到那么多张人脸，我觉得我可以找到更多嫌疑人。”

在我和尊室宏的第一次谈话中，我问他是否认为人们已经清楚地认识到，他的这项技术意味着人们在网上发布的每一张照片都可以供执法部门使用。他说他认为确实如此。

他说：“他们很清楚，他们在网上、社交媒体上是处于一个被围观的环境中，他们的行为会不同于和朋友、家人在一起的时候。”

我插了一句嘴：“我认为，如果公开告知人们，他们在派对上拍摄的照片将被上传到执法部门使用的数据库中，他们的行为将与目前截然不同。”

尊室宏说：“有意思。我认为人们会以同样的方式行事，因为他们知道这些是公开的。”

失控的人脸识别系统

但随着整个夏天发生的事件，以及国会大厦骚乱事件的继续上演，人们仍然不知道什么信息是公开的。大多数人真的不知道自己的行为、社交网络、脸部表情都是可以被识别的模式。他们显然不知道警察机关越来越多地利用人脸识别系统来追踪嫌疑人。也许应该利用人脸识别技术逮捕国会暴徒。可能对待德里克·英格拉姆也该如此，因为据纽约警察局称，他对一名警官的听力造成了永久性损伤。但罗伯特·威廉姆斯呢？他什么都没有做错。我们已经允许人工智能系统扫描我们的一切。还记得那个早期的人脸识别企业家吗？他告诉我，离实现“开集”人脸识别还有很久，而且它在道德上是站不住脚的，没有人会这么做。那是 2019 年。仅仅一年后，我们发现已经有“开集”人脸识别产品了，它的市场营销已经很成熟，美国各地都在使用它。这项技术并不是处于测试阶段。它已经无处不在了。

德里克·英格拉姆说，他 15 岁时赢得了一场摔跤比赛，作为黑人举起了拳头，这是他第一次跟随内心想要公开表达政治情感的冲动行事。他的激进主义受到了鼓舞，因为他相信，公开表达自己的感受并没有罪。但现在他表示，他看到警察突然被人脸识别等技术赋予权力，而且使用这项技术的方式并没有受到限制。他说："我认为，使用这样的高科技资源应该仅限于那些犯下令人发指的罪行的人。"他说，如果他现在 15 岁，他可能不太会在社交媒体上发帖或参加公开抗议，或者两者都做。这项技术改变了警察的行为方式，似乎也可能改变我们在监控下的行为方式。循环开始重塑人类，我们甚至还不知道它在何处读取我们的日常行为。

为什么人脸识别这类系统发展得如此之快？为什么公众愤怒或政府监管也无法控制它？它不仅发展得快，而且是在暗处进行。梅雷迪思·惠特克（Meredith Whittaker）在谷歌工作了十多年，作为该公司开放研究小组的创始人，她在那里从事人工智能研究工作。后来，她了解了一个叫作 Maven 的项目，这是谷歌为美国国防部做的研究工作。她告诉我："双方签订了一份合同，谷歌会将最好的人工智能应用于国防部无人机项目，使用人工智能寻找、监视目标。"

这个项目，以及谷歌内部爆出的性别歧视和种族主义问题，促使惠特克帮助组织了公司的罢工。她说："许多担任领导职务的人负责做出一些选择，包括某些技术将在何处使用、如何使用、谁将受害、谁将受益，而我们中的许多人认为这些是不道德的，坦率地说，是不负责任的。"惠特克于 2019 年辞职，同年谷歌宣布不再续签 Maven 项目，而她则与别人共同创建并管理纽约大学的 AI Now 研究所。

她告诉我，重重的保护层让 Clearview 这样的系统免受审查和激怒公众。技术开发和部署的管理结构使人们对其最终用途一无所知。她说："很多时候，开发人工智能系统和人工智能模型，以及搭建系统运行的基础设施的人实际上不知道这些系统会如何部署。他们做了一些自认为可能有助于救灾的东西，然后发现它实际上用于监控或其他目的。"大型科技公司的公关部门经常告诉我，扫描我们在线行为的技术用于识别被绑架的儿童或性交易受害者。但惠特克很快就否决了这一观点。她指出，开发一个能够在 Venmo 数据中找到模式以识别可能的性交易者的系统，在功能上与建立一个使用相同数据来识别要被驱逐的非法移民的系统是相同的。这两种系统是同样的工程。从事这项工作的人根本就不知道系统的战略目的，除非他们主动去问，但他们很少有机会提出这样的问题。

惠特克指出，Clearview、Anduril 和 Palantir 等公司为执法部门和军队提供基于人工智能的监控和安全技术。她认为，这些公司开发技术时用到的独门秘诀和执法部门及军方使用技术的隐藏用途之间都是不透明的。如果连开发人员都不知道系统最终会被用来做什么，你可以想象，对我们这些局外人来说，这一切是多么的不透明。对此根本就没有任何形式的公开评论。惠特克告诉我："我们对他们所做的事情以及使用方式的了解，大部分来自组织者和学者针对信息自由法案提出的诉求。这件事情并不需要民主进程进行审议和辩论，它并不是公开的，而且坦白说，非常有利可图。”

花上一天的时间来观察这些技术的实际应用，就能明白为什么军方和执法机构购买这些技术的意愿如此强烈。2019 年夏末，我在一个阴凉的观测台上，俯瞰着南加州灌木丛生的山丘，我看到一架形似微型直升机的无人机飞上天空。它在我上方几百英尺处盘旋时，我根本听不到旋翼的声音，正如有人告诉我的那样，它隐藏在暗处，而我对此浑然不知。Anduril 联合创始人布赖恩·辛普夫（Brian Schimpf）和我一起观看了该系统向我们展示的一个远处人物的特写镜头，这是由我们眼前的几座塔顶上的摄像机拍摄的。镜头显示有一个人在约一英里外穿过草地。无人机和塔上的摄像机锁定了他的腿部动作和手臂摆动的特征，并无声地向前俯冲，在他来回踱步时开始跟着他。

成立于 2017 年的 Anduril 自称是一家“人工智能产品公司”，专注于制造用于国家安全的软件和硬件。Anduril 声称，其主打产品 Lattice 是无人机和传感器的结合体，它使得军事基地外部和边境线的监控实现了自动化。辛普夫说：“不需要让人整晚盯着监控屏幕，你现在可以使用自动化系统完成这项工作，系统发现异动时会提醒工作人员。”

与人工智能一样，这个自动化的系统也为人们承担了繁重的系统 1 的工作：“我们可以将重复机械的事情自动化，只需要系统在一天结束时向我们提供最关键的信息，这样我们就可以针对正在发生的事情做出明智的决定。”

《连线》（*Wired*）杂志的知名记者史蒂文·列维（Steven Levy）

在 2018 年发布了一份报告，其中指出，海关和边境巡逻队对 Lattice 进行了为期 10 周的测试，在测试中发现有 55 人企图越过美墨边境。Anduril 出售的技术使得特朗普政府推行的“骨肉分离”（family-separation）政策更容易实施，该公司因此遭受了来自包括惠特克在内的学者和监察机构的广泛批评。（也有大量报道称，Anduril 在谷歌内部爆发了对 Maven 项目的抗议后，接手了这一项目。）但辛普夫告诉我，有一些事情 Anduril 是不会做的，比如 Anduril 没有在 Lattice 系统中加载人脸识别功能，因为误认的概率太高。辛普夫表示，他担心的是一种他所说的人脸识别的“天真部署”（naïve deployment），如果采用这种部署方式，像 Anduril 这样的公司可能会将一张脸与数亿人进行比对。“即使它只有 1% 的出错率——”

“那也是很多人。”我说。

“确实如此。”他表示同意。

在公司位于加州尔湾的办公室里，工程师们踩着悬浮滑板、滑板车，骑着自行车在宽阔的白色工作区穿行。我问 Anduril 联合创始人帕尔默·洛基（Palmer Luckey），与美国公民自由结合起来的监控技术会是什么样子。

洛基坦言道：“我也不了解这种情况。我是技术专家，不是政策专家。”（在我的职业生涯中，这个句型我听到过很多次。）但最终他还是给出了一个观点：“我认为不应该利用技术控制的方式。并不是不具备技术能力。而是要有足够的政治资本去说，‘是的，我们知道技术的存在是为了做到这一点。但你不能这样做。我们的社会不会接受这一点’。”他认为像墨西哥这样的国家可能会接受美国开发的系统，该系统可以带来极大的便利，但禁止侵犯某些隐私。“人脸识别正变得非常简单。即使我们什么都不做也无法阻止它的发展。我们不得不说，‘如果想要控制它，正确的方法是制定相关的标准。’”

关于这一概念，我问了惠特克的看法，她指出，洛基提出的那种标准远远落后于监控技术的发展趋势，还停留在最初开发监控技术的机构和案例。她说：“这项技术就像沙滩上的一条细细的沙线，并不会一直停留在那里。你所指的是渗透到大多数人日常生活中的情况。警察机关和其他执法机构现在正在共享这些技术、数据库、监控录像的访问权限，而且它们的共享方式使得移民执法部门和地方警察部门的权限很难划分清楚。”

目前，警方和军方已经拥有了强大的监控技术，并且其使用几乎不受任何公众监督。受监控的人察觉到自己正在被监控，同时具备政治影响力可以公开谈论这件事，这种情况是非常罕见的，就像西港市抗议 Draganfly 疫情监测无人机事件，这表明那里对此存在着深深的反感。与此同时，Anduril 的无人机可以无声无息、一刻不停地监视任何人；它们只是没有部署在美国郊区。“反正还没有。”我对洛基说。他听出来我话里有话，同时表示并不同意我的观点。洛基告诉我，为政府机构工作会给他开发的技术树起天然的护栏，因为军方的道德标准高于私营部门。“如果我们向消费者销售无人机，感觉会很不一样。”他说。

“如果我们只是在开发我们的东西，然后说，‘嘿，乔·史密斯

（Joe Smith）可以买我们的塔楼，买我们的无人机，他可以在他的农场周围建立一个监控系统。’那将是很不一样的。”

我在脑海中多次回放了我与洛基的对话，我真的不知道自己对此有何感想。可能他说的没错，与我多年来采访的那些公司相比，军方坚持更高的标准，真正坚守道德边界。我目睹过一些公司随性地将技术应用于分析和塑造人类行为，以股东利益或变化不断的公司原则为由，将其临时政策合理化，这并不足以解释它们对我们生活造成的巨大影响，从这一点来说，洛基无疑是对的。但军方和执法部门负责的是人们的生死、自由和监禁等问题。如果他们用人工智能这样的产品来识别人们走路的节奏，或是根据非法移民的财务历史预测移民的下落时，他们的目的并不是要推销人身保险，而是为了杀死或抓住他们。归根结底，如果我们连模式识别技术是如何应用的都不知道，那么无论使用方是私人还是军方都难以让我们信任，更别谈同意使用这项技术了，即使它已经被应用于我们身上。然而，它还是渗透到了我们的生活中。

童年：循环的另一个形成之处

关于军队和警察使用人工智能和监控技术的争议是循环最明显的外在表现。武力征服人类的人工智能机器人是反乌托邦科幻小说中的常见角色，我介绍循环时，人们常常认为我在谈论《终结者》。但我并不担心机器人霸主会奴役我们，我担心的是，我们会使用机器人来放大我们本能的错误部分，从而最终被自己的本能奴役。因此，我现在想谈谈循环的另一个形成之处，但它存在于我们生命的某个阶段，在那个阶段我们很难判断什么是危险的。这个阶段就是童年。

研究人类行为需要很长时间。更关键的是，研究人类行为比改变人类行为需要更长的时间。即使是最有声望的学者也需要几年时间申请，才能获得开展研究所需要的联邦基金拨款，然后花几年时间投入研究，再过几年其研究成果才能通过同行评审发表在期刊上，随后，其他学者又花了同样多的时间来验证研究成果，直到最终成为科学界的共识。等到这一研究成果快要在全社会形成影响时，这一代的孩子也不在人世了。相比研究人类行为的时间跨度，想一想电子产品对社会的冲击来得有多快。

苹果手机问世 15 年后、平板电脑问世 10 年后，美国儿童平均约 4 个月大的时候就开始接触屏幕。据估计，40%~50% 的 5 岁以下美国儿童拥有自己的平板电脑或手机，这可能是这些儿童平均每天在这些设备上花费 3 个小时的原因。行为就是如此。我们如何研究它？

一小群儿科研究人员正以最快的速度研究如何让人们摆脱对屏幕的依赖，他们试图弄清楚这些习惯对孩子和家庭有什么影响，以及我们需要做些什么才能放下手机和平板，重新拉近彼此的距离。

新冠病毒疫情暴发前的一个 1 月份，某天我走进了西雅图市中心的一座办公大楼。在那个漆黑的早晨，我和所有人一样，在参加当天第一场会议前，从楼下嘶嘶作响的咖啡机里接了一杯咖啡。在楼上，我穿过几条走廊，与迪米特里·克里斯塔基斯（Dimitri

Christakis）博士握了手。他曾参与撰写了目前美国儿科指南中关于屏幕使用的部分。

克里斯塔基斯语速很快而且爱笑，他对过去 10 年观察到的情况兴致盎然，但因为意识到坏消息占了主流又感到忧心忡忡。我们坐在一间黑暗的观察室里看了一段视频，视频中有一个看起来差不多一岁半的小孩，在隔壁房间专注地玩着平板电脑。克里斯塔基斯马上向我讲解了这一困境。他先讲了技术发展速度比好的科学要快多少。

他说："我戴上科学家的帽子，就拥有了所有科学家应有的平衡感。我会拐弯抹角地说：'我们需要做更多的研究，我们无法做出任何结论性的决定。'"

他继续说道："但如果我戴着临床医生的帽子，房间里除了我，还有一家人，他们问我，'我的孩子应该花多少时间在 iPad 上？'或者，'我真的很担心，我的孩子有上瘾的迹象。'他们不想听到我说，'我有一个好消息！我刚刚开始了一项研究，两年后我可以告诉你该如何对待你两岁的孩子。'"

克里斯塔基斯的研究对象包括从婴儿到青少年的各个年龄段的儿童，他研究了电视机、手机等设备如何影响他们的健康。不过近几年来，他主要关注孩子对电子设备产生强迫症状的最早阶段。他尝试着创造一种筛查方法来发现这种强迫症状。

一个单纯喜欢玩 iPad 的孩子和一个有 iPad 强迫症的孩子有什么区别？大多数研究人员都讨厌这类问题，被问到这类问题时，他们往往提到很多限定条件，并且给出很多口头注解，以避免将事情过于简单化。但克里斯塔基斯毫不回避。

他说：“典型的18—24个月大的孩子平均会花20—30分钟玩他们最喜欢的玩具，比如积木、书、娃娃、卡车。我们知道，现在孩子们花更多的时间在iPad和触摸屏传媒产品上。这一点就足以说明，使用电子产品与实物玩具的体验有着本质上的不同。许多家长认为它是一种数字玩具。但其实它与玩具截然不同。它的某些特性让孩子们用一种完全不同的方式玩这类产品。”我想起威尔金森曾经在手机上一个毫无胜算的赌场模拟器上花掉了5万美元。我想起了孤独的少年马克·卡佩塔诺维奇，他花了很多时间观看YouTube算法推送给他的关于“种族现实主义”的视频。我想起了那一屋子的年轻企业家，他们听两位成瘾专家讲解人类大脑可以合理化任何成瘾行为。

还记得娜塔莎·道·舒尔发现的老虎机成瘾之后的“机器区域”吗？克里斯塔基斯说，不仅是孩子们不同寻常的专注时间，而且在使用iPad的较长的时间里，孩子们的情感特征表明他们正在离开一个快乐的王国，以上状况意味着他们已经形成了iPad强迫症。放下iPad后，他们的脸色变得冷酷，他们失去了笑容，他们的举止不再如常人一样有着各种情绪。

在他的实验室里，我们一起观看了一个看起来约两岁半的小女孩和她母亲的视频。克里斯塔基斯想要分析这个案例，然后找出可能奏效的方案，提供给一些项目，如国家筛查计划。在视频中，小女孩和一位研究人员分别在桌子的两端，她让小女孩进行一系列的活动：首先是玩一个形状像吉他的电子玩具，然后是一个安装了吉他模拟器 App 的平板电脑。在这两种情况下，她偶尔会用手指打断女孩，并急切地对她说“看！”。这个小女孩是一个乐观开朗的孩子，她穿着黑色毛衣和白色芭蕾舞短裙，每次她都会放下自己正在做的事情，急切地四处走动，看看研究人员指出了什么。到了第三次，她也会伸出一根手指做出回应，模仿研究人员的手势。

克里斯塔基斯点头表示认可，说“这就是所谓的二元注意力（dydadic attention）”。得益于进化，所有健康儿童都有这一天赋。他继续说道：“实际上，他们这样做是出于学习的目的。他们认为你在向他们指出一些重要的东西。”

而小女孩向研究人员指出物体，则是二元注意力的另一部分。“随着孩子长大，到了一岁左右的时候，他们会引导父母。他们会指向某件物体，父母会本能地看向孩子所指的物体，然后回过去看孩子。这种交流隐含着一个提问，‘那是什么？告诉我一些关于它的事。’在父母和孩子的正常互动中，这种场景每天会发生 20 次、30 次、100 次。”

然后，我们看到小女孩将注意力转向她最喜欢的 iPad 游戏——《芝麻街》中的一个角色埃尔莫（Elmo）敦促你画出字母表中的字母的 App。“埃尔莫！”她微微一笑，对研究人员低语道。

这一次，她安静地坐着玩游戏，在字母上乱涂乱画，然后神情严肃地观看奖励她看的短片。这时，研究人员再次指着房间的后面。“看！”她坚定地说。小女孩没有注意到。她的眼睛盯着埃尔莫。

克里斯塔基斯微笑着摇头。这不是孩子们在正常情况下的行为。他说："这很不寻常。他们超越了一种非常强烈的想要去看看是怎么回事的本能。这表明，他们现在所做的事情比自然本能要强烈得多。"

当然，有一些本能是我们想要战胜的，但这显然不是其中之一。克里斯塔基斯指出，代代相传的二元注意力被认为是儿童发展的关键部分。他说："想象一下，父母可能会指出一些危险的东西。"比如出现了一条蛇，或是着火了。iPad 吸引人注意力的特性剥夺了这个小女孩最基本的本能之一。相反，埃尔莫吸引了她的全部注意力。

这是一个教育类 App，有一个值得信赖和受到喜爱的儿童电视角色鼓励小女孩学习写 ABC，这是否能取得更好的效果？克里斯塔基斯认为，对于 App 的研究还不够深入，暂时还不清楚它是否能有所帮助。

"一个 App 同时具有教育性和成瘾性，这也不是不可能，对吧？"他问道。面对两代观众，儿童电视台一直在走这条路线，它想让《芝麻街》这样的东西既吸引人又能教育人。当然，我的孩子阅读某些书籍的方式也可以说是具有强迫性的。他们在家里走路也捧着书，一不留神就撞到了家具，从洗手间出来，裤子也没穿，还在低头看书。但克里斯塔基斯表示，App 容易让人形成强迫症，这一代的家长已经在不经意间陷入其中，而他担心家长们对这种强迫效应的风险视而不见。他说："我想，他们并不认为 App 是一种成瘾性物质，他们觉得它要么是中性产品，要么是教育类产品。”

他认为App与书籍和《芝麻街》不同，他不相信有任何真正的证据可以证明App具有教育意义。“绝大多数的App，也就是说95%以上的App是为幼儿设计的，它们的广告宣传称其具有教育意义。它们明确或隐晦地宣传可以教孩子学字母、数字、社交技能和音乐。而对于其中的绝大多数，至少90%的App来说，绝对没有证据支持这些说法。事实上在很多情况下，甚至没有理论依据支持它们能做到这一点。所以我认为，如果一个App声称它具有教育意义，它有义务自证。这是可以做到的，也可以实施监管。但目前为止还没有。”

构建抵御系统

从军事和治安到儿童发展领域，越来越明显的是，技术可以塑造甚至直接创造我们的无意识行为，我们天生没有心理或社会方面的工具抵御它，因此我们需要构建自我控制系统，来对抗我们开发的系统，最后控制它们。这样的抵御系统会是什么样子呢？

在距离密歇根州兰辛市以北大约一个小时车程的地方，坐落着中央密歇根大学，走进学校大门就可以看到一个足球场，那里有一个巨大的红色标志牌，上面写着“加油，加油！”（Fire Up, Chips!）还有一张冲撞的球员的图片。这指代的是该地区最丑陋的历史之一：学校的吉祥物是奇普瓦（Chippewa），这是原住民奥吉瓦（Ojibwa）部落的英文名称，当年移民在这里发现了优质的白松后，原住民被迫离开了这里。这所学校成立于19世纪90年代，是为了培养教师而建的。就在与让人联想到黑暗历史的足球场仅仅一街之隔的地方，坐落着一个面向家长和教育工作者的尖端研究诊所，它代表着学校最辉煌的成就之一。

某个工作日，我早早来到这里参观一个名为“亲子互动治疗”（Parent-Child Interaction Therapy，以下简称 PCIT）的家长指导系统。在这里接受治疗的父母和孩子在双向镜的一边，另一边是专家。家长戴着耳机，可以实时听到指导她（或他）的专家的声音。

40 年以来，PCIT 已经成为改善家庭关系的一种非常好的系统，特别适用于问题比较严重的情况。被监禁的父母只能定期探望孩子，等父母获释后，他们会使用 PCIT 迅速习得维持家庭和养育子女的技能。有些父母在过去的 10 年中一直沉迷于冰毒等毒品，他们现在醒悟了，使用 PCIT 来弥补失去的岁月。对神经多样性谱系的孩子来说，他们的父母可以来这里尝试最新的治疗方法，专家会在幕后对治疗过程给予直接监督。

心理学家拉里莎·尼克（Larissa Niec ）和萨拉·多莫夫（Sarah Domoff）改进了 PCIT，让它更适用于新的时代，我在这里见证了这一点。她们帮助了有进餐障碍、暴力行为等问题的家庭。现在，她们调整了项目，使之能够应用在苦于孩子对科技上瘾的家庭。

那天早上，我遇到了安德鲁（Andrew）和希瑟（Heather）夫妇，还有他们 6 岁的孩子迈尔斯（Miles）。他们三人已经接受了 13 周的治疗，并在此给我们展示。迈尔斯是一个体型健壮的孩子，他有着金色的沙质头发，他的头顶有一绺头发翘起来，跑步时会随着他身体的摆动而摆动。

当迈尔斯在隔壁房间吃比萨饼时，我问安德鲁和希瑟，他们为什么来这里。安德鲁叹了口气。

“是因为他很难从游戏和电影中抽离出来，但总不能让他一直玩游戏和看电影。每次游戏和电影时间结束的时候，他都会很暴躁。”

有多暴躁？

“他朝后院的窗户扔石头。”安德鲁说。

希瑟告诉我：“就在那一刻，我们认为‘我们需要帮助’。”

多莫夫曾就屏幕对孩子的影响开展过几次研究，研究对象覆盖了从幼儿到高中生的年龄段，当时她与尼克一起将 PCIT 应用于当今的科技时代，并在此过程中提出了一些新的概念。该项目名称为“PATCH”——父母积极参与孩子健康管理（Parents Active in Their Child's Health）。多莫夫说：“我们真正关注的是把我们已知的在其他环境中管理孩子行为的方法应用到父母今天面临的新环境中。”

尼克和多莫夫开始在该地区的儿科医生办公室分发简单的传单。

孩子的行为很难控制吗？

孩子吃饭是不是很艰难？

您在孩子使用平板电脑、玩游戏、看电视的问题上有困难吗？

PATCH 计划可能适合您！

他们决定征集两岁半到七岁的孩子参与调研，并向参与者支付少量津贴。他们说希望能有几十个家庭参加。而现在已有数百人申请。

迈尔斯和希瑟坐在游戏室里，他们俩一起俯身看着桌子上的一套复杂的火车模型。多莫夫、尼克和我在观察室里观察，尼克拿起麦克风，开始用童书朗读者的温和声音指导希瑟。

希瑟从她在这里的训练中学到了以一种具体的、直接的、令人愉快的方式赞扬迈尔斯。迈尔斯拿起火车头递给他的母亲时，他的母亲直接夸奖道："那是火车引擎！太酷了！"我们可以在黑暗的房间里透过小喇叭听到她和迈尔斯的声音。尼克立即大声喊道："非常好，你给他贴的标签非常好，没有问问题，只是告诉他你听到了他的声音。"接着希瑟说，过一会儿她会和迈尔斯一起用她的手机看视频，只看一小段视频，然后再一起玩，尼克高兴地点了点头。尼克告诉希瑟："这是很棒的时间管理技巧，你做得很好。"

然后就是一起看视频的时间了。这是诊所里每个人都期待的时刻。我想起了我自己的孩子，一起看视频意味着整个下午可能都毁了。迈尔斯和希瑟静静地坐在一起看着。迈尔斯一动不动，这不是自然的反应。他头上的那绺头发纹丝不动。然后，希瑟指出了视频中这里的一个细节，或是那里的一个人物，迈尔斯开始和她一起讨论。听筒中传来尼克的声音，她建议希瑟提醒迈尔斯慢慢关掉视频。我全身紧绷起来。

"我们再看一分钟，然后我们需要继续做其他事情。"希瑟靠得很近，问道：“但我会和你多玩一会儿，好吗？”

迈尔斯点了点头。

尼克说：“很好的铺垫。瞧，你的铺垫对他来说是奏效的！”

然后，希瑟让儿子把手机还给她。他有一瞬间的犹豫，然后这个时常尖叫和摔东西的孩子，还是把手机递给了她。

希瑟说：“你做到了！尽管你不想这么做，但我真的很感激你这么做。”

迈尔斯俯下身，默默地吻了吻妈妈的肩膀。

我睁大眼睛看着多莫夫。她已经在向我点头了。

“他们不想要看视频，他们想要你的陪伴。”她低声说道。

希瑟后来告诉我，这就是他们从这次经历中吸取的教训：“不要说‘让你看视频的时候你就乖乖的，等下还会给你看的——’”

安德鲁说：“这是在重新调整优先级。”

希瑟点点头：“先给儿子他需要的东西，他可以更好地过渡。”她想了一会儿，又说：“他的需求已经得到满足，这确实会让其他的事情更容易推进。”

视觉悬崖实验

看着这个过程，我能清楚地感觉到，我发现了一种隐藏的训练方法，每个人都应该了解这个方法。孩子在医院出生后回家的第一天，每个家长都会觉得这其中一定有什么误解，我们根本没办法自己养育孩子，这是在开玩笑吧？我们没有接受过任何训练！

从我的角度来看，这就是一种训练。当我们处理孩子们做的一件困难的事情时，在十几轮练习中，如果有一位教练在耳边轻声指导，我们怎会不从中受益呢？但与此同时，在这个充斥着电子屏幕的社会，盯着屏幕仿佛成了一件正常的事情，作为父母和孩子，我们无意中经历了很多具有反效果的训练。德勤会计师事务所（Deloitte）于 2021 年 6 月发布的一份报告显示，目前美国普通家庭平均拥有 25 台联网设备。与我交谈过的几位家长告诉我，他们从制造这些电子设备的公司的广告中学习了如何正确使用电子屏幕，这就好比从技术人员那里学习技术如何影响他们的家庭和关系。而只有在中央密歇根大学或西雅图碰巧看到传单的家长，才可能得到专业指导，了解这些电子屏幕对孩子（或家长）的影响。

同时，父母和孩子之间古老的信息传递系统塑造了我们的孩子。如果父母养成了新的行为模式，孩子很快就会模仿。新冠病毒疫情防控期间，孩子们看到父母时时刻刻离不开电子设备，那么孩子们在生活中会将科技置于什么地位呢？

发展研究人员早就明白，我们利用自己对社会的敏感性，将决策外包给别人，尤其值得一提的是，我们常常是外包给孩子。在 1960 年的一项经典研究中，心理学家埃莉诺·吉布森（Eleanor Gibson）和理查德·沃克（Richard Walk）搭建了一个视觉悬崖，其实是一个高高的箱子，高度有四英尺多。吉布森和沃克在看起来是“深渊”的上方铺上了厚厚的玻璃，玻璃可以承受很大的重量。然后，他们让 36 个 6—14 个月大的婴儿参与了这项实验，实验中婴儿的母亲引导他们爬过玻璃。

实验结果简直让人感到难堪。只有 9 个孩子表现明智，拒绝冒险爬过玻璃。另外 27 个孩子欣然爬过了那个看起来如陡峭悬崖一般的地方。研究人员还进行了动物实验，观察了几十只动物幼崽，并对比了它们的表现。在实验中，某些物种如山羊，没有一只山羊愿意冒这个风险。

随后，1985 年，詹姆斯·索斯（James Sorce）带领团队尝试了一个更巧妙的实验方式，实验的思路是父母榜样可能会对孩子产生影响。他们搭建了一个视觉上的悬崖，高度大约只有让人不那么感到害怕的 30 英寸，这让实验结果的不确定性提高了。研究人员只选择了一岁大的受试者。这一次，他们要求母亲们对悬崖表现出各种各样的情绪，或是以灿烂的笑容表示认可，或是在某个时刻变脸表现出强烈的恐惧。如果母亲们看起来很高兴，19 个婴儿中有 14 个很乐意爬过“悬崖”边缘。但如果母亲们看起来很害怕，则没有一个婴儿愿意冒险。他们中的大多数人爬到边缘就开始往后退。

克里斯塔基斯、多莫夫和尼克等研究人员努力量化，并且试着对抗这些像麻醉药物一样强大的影响。再想想长期看到父母沉迷于电子设备的幼儿，这将会对他们如何看待自己和电子屏幕的关系产生长期影响。这些孩子长大以后，童年的记忆又将会对他们怎样分辨适当和不适当的行为产生重大影响。想想这项研究都花了多么长的时间才论证了因果关系，更不必说育儿策略或联邦安全法规了，等这些都完善了，这一代的孩子可能都不在了。作为成年人，我们几乎没有注意到监控和人脸识别等技术的潜在影响，以及它们可能如何改变我们对隐私和公共生活的期望。与此同时，孩子们在这个世界上长大，从出生之日起就受到了这些影响，而他们的父母却没有给予任何指导，没有告诉他们这些影响可能会如何塑造我们。这是循环正在积聚的动力，在我们能直接感知到的范围之外有力地旋转。它开始收集的不仅是我们的隐私，也不仅是我们的家庭时间，还有其他的一切。

第九章

循环

直到现在，我在本书第一章中所介绍的行为、政治和社会领域研究人员的发现大多是纯科学问题，是重要的抽象学术理论的基石，甚至可能是一些新的社会事业和循证系统的支柱。商家借鉴了这些研究成果的思想，政治竞选团队则大规模采用了这些研究成果，留下切实有用的那部分。不过，我们研究了人类决策的统计模式，发现研究这些模式并没有被用来“改变”人类行为。这一研究主要是调查、辩论和提炼，而不是以任何有形方式影响我们的生活。现在，有了人工智能，所有这些无意识的行为，包括部落本能、强迫症、无法判断真正的风险、为了短暂的消遣而牺牲长期利益，不仅是数据，也是大幅盈利的商业的基础。有了如此多的变量，人工智能给了机器学习无穷无尽的机会去寻找模式，预测我们可能会喜欢、点击、购买、加入什么，以及下一步要做什么。正如我们所看到的，这些选择不仅是无意识的，它们还把自己伪装成理性的、合理的、有回报的行动，让人们觉得自己做的事情是正确的，即使事实并非如此。因此，开发一个系统来发现我们本能中的模式，找到我们喜欢的电影，把我们和那些从数据中筛选出和我们有共同目标的人联系起来，并以迎合我们自以为是的倾向的方式提出建议，这对我们来说是不可抗拒的，也是一个非凡的商机。与此同时，行为监控技术几乎完全是监管盲区，这意味着开发这些技术的公司不必对任何监管机构负责。我们做出的选择为这些系统提供数据，系统分析了数据，数据塑造了我们的选择，我们的选择提供了更多的数据。这一过程——人类无意识本能的强劲环流（我们因为深陷其中而未能觉察到这一切），以及资本主义的逐利本能让我们不再摇起桨抵抗——形成了循环。接下来，我将向你们展示第三个循环也是最强大的循环是如何开始包围我们的。

安娜·托德的成功

安娜·托德（Anna Todd）18 岁时嫁给了她高中时的恋人——陆军士兵乔丹（Jordan），然后她离开了俄亥俄州代顿市，随他一起前往得克萨斯州的胡德堡军事基地履职。那里机会不多，生活似乎一眼就能望到头。她在华夫饼店做过服务员，还在化妆品专柜上过班。后来她有了儿子阿舍（Asher），孩子的保育费高昂，她与其出去工作，还不如全职在家照顾孩子。

托德告诉我：“阿舍是一个有特殊需要的孩子，我白天会和他一起玩。他患有癫痫，那时他癫痫发作得很厉害。我常常读会书，给他吃点药，然后再接着读书。”

托德爱读言情小说。不过她读的不是传统的纸书，而是电子书，因为她可以在一个名为 Wattpad 的阅读软件上免费追更。但很快托德发现那些书都是一个套路，令人厌倦。她回忆道："每个故事都是'他们坠入爱河，产生了一次冲突，后来解决了冲突，从此过上了幸福的生活。'所以我想'如果没有人写我想看的书，我也可以先写点东西娱乐自己。'我没想到自己居然写完了。"

后来，托德开始在手机上写自己的小说，她在商店排队的时候也写，在牙科诊所候诊的时候也写，她常常一只手喂阿舍，另一只手打字。

她说："我没想过会有人看我写的东西，也没想过写完第一章后还会继续写。我只构思了第一章，从未想过其他内容。"她在 Wattpad 上首次发文之后，就开始有读者发表评论，然后迅速形成了一个读者群，他们一起讨论托德写的故事，互相分享读后感。对于过着孤单生活，并且热爱言情小说的托德来说，作品的反响极大地鼓舞了她。于是，她继续写下去了。

她的第一部完整的小说是对年轻人爱情的黑暗解读，书中讲述了一名大学新生和一名叛逆的同学［原型是托德迷恋的单向乐队（One Direction）主唱］的故事，她照着别人的方式在 Wattpad 上发表了这部小说，每次更新一章。她的读者群数量不断增长。Wattpad 的界面也发生了变化，读者现在不仅可以对每一章发表评论，而且可以逐行评论。起初，她热切地回复了每一条评论。但很快，很多人为她加油鼓劲，向她提问，给出建议，她说："有一天我再也回复不过来了。"

不久，托德开始在 Wattpad 上收到自称是作家经纪人的邮件。“但我忽略了这些消息。”她说。她担心遇到骗子或跟踪狂，再者她觉得以言情作家的身份入行也有点难为情。

随后，她开始收到 Wattpad 工作人员的邮件。“他们说，‘你的作品在我们的网站上引起了巨大的轰动，我们很想了解关于你的更多信息，比如‘我们想知道你来自哪里，多大年纪，你对这部作品有什么计划？’”

他们还告诉她，出版商们排着队准备将她写的故事出版成小说。此刻她相信了他们。他们带她去了洛杉矶，然后又去了纽约，在那里她见了几家出版商。2014 年，在她开始认真写作不到一年的时间里，她已经签下了 50 万美元的多卷本出版合约。她接着为她的第一本书《之后》（*After*）写了几部续集。2019 年，我在多伦多 Wattpad 的办公室见到她时，Netflix 刚刚发布了改编自她的第一本书的电影，她身穿黑色衣服出席了首映礼。

托德说，现在常常有其他作家问她是如何在 Wattpad 上取得突破的，从一群渴望成功的作家中脱颖而出的秘诀是什么。但事实证明托德并不知道秘诀是什么——“我希望我知道！”她从来没有为了取悦她的出版商和电影合作伙伴而改动过她的作品。她说：“我只写我想写的东西。我唯一的经验就是和读者建立密切的关系，比如建读者群，不过当时我自己也没意识到这一点。”

促成她成功的还有一些隐藏因素。事实证明，托德的作品不仅吸引了读者，还吸引了模式识别算法。该算法是 Wattpad 用来寻找潜在畅销书的重要工具。可能更关键的原因是她热切地与读者建立联系，形成了一个读者群，为 Wattpad 的系统提供了额外的数据，供其评估小说的商业价值。

Wattpad 的商业模式，以及托德在此取得的巨大成功，是新型算法驱动文化内容筛选的一个例子。一方面，它让托德这样的人成为明星，她此前从来没有机会写书或成为编剧。另一方面，它形成了一种统计错觉，将出版业和电影业卷入了循环，它们再度将老套的成功故事推送给我们，简直没完没了。

我们曾经掉入过这样的陷阱：发掘成功经验，重复那些看似成功原因的行为。出版社和电影公司已经采用了这样的运作模式，只不过它们不是用算法，而是人工发掘有潜质的书和剧集。这种趋势可以追溯到更久之前。1943 年，匈牙利数学家亚伯拉罕·瓦尔德（Abraham Wald）交给统计研究小组（SRG）一份报告，[1] 报告回答了美国军方的一个重要问题：战机的哪些部分需要最好的装甲保护？返航飞机上可以清楚看到爆弹、高射炮和机枪所致的损坏：机翼和尾部布满了弹孔。从逻辑上讲，飞机的这些部分需要得到更好的保护。

但在给 SRG 的一系列备忘录中，瓦尔德指出，那些被击落而没能安全返航的飞机，我们并不知道它们在何处发生损坏，但这才是美国国防部所需要的数据。他意识到，返航的飞机并未被击中要害，因为它们仍然能安全返回。他估算了看不见的东西，最终得出结论，返航飞机最罕见的损坏——7.9 毫米机枪击中驾驶舱，以及 20 毫米机炮击中发动机——最有可能导致飞机坠毁。他的发现使得军队加固了飞机发动机舱（可能还保护了无数机组人员的生命），并改变了美国在第二次世界大战、越南战争和朝鲜战争中的航空物流。

瓦尔德发现了当今统计学家们努力对抗的东西——幸存者偏差（survivorship bias），这是一种基于一些小概率事件调整我们的行为以期获得更好结果的做法。实际上，我们注意到的是经过筛选的结果，而这个结果“幸存”的概率极低。多亏了瓦尔德，统计学家们现在懂得了在数据有限的情况下应该如何预测概率（数据科学家们经常将瓦尔德报告中那张有名的飞机击落图标作为在线模因发布出来）。不过安娜·托德处于行业金字塔顶尖位置，这一行业就是靠研究幸存者来预测下一个成功者的。

据 Wattpad 称，我与托德见面的时候，Wattpad 有约 400 万名作家，每分钟上传的内容一天都读不完。很多作家在寻找读者，更是希望找到愿意为他们的作品付费的人。有些作品已经签约了。该公司告诉我，以 2019 年为例，在 Wattpad 上有近 1 000 个作品出版成书、拍成电视剧或电影，或做成电子项目。这个数字即使放在 20 年前，也是值得杂志社和出版社骄傲的。但是，就这个数字占作家总数的百分比而言，能出书或是拍成影视作品的概率很小：在超过 5.65 亿次上传中，成功签约的只占 0.000 17%。托德是这一小部分人中最成功的。

如何找到“新的”内容

Wattpad 的 CEO 艾伦·刘（Allen Lau）告诉我，机器学习是找到像托德这样的作家的关键所在。“机器特别擅长分析海量的数据，而我们有数据。”随着自然语言处理的兴起，算法可以捕捉到文学作品中潜藏的价值，Wattpad 不仅可以扫描作品本身，还可以扫描与作品相关的内容。“我们每个月都会看到数以亿计的评论。其实评论中也包含了很多见解和情感。”刘先生说。他解释道，分析评论中的模式，可以让公司找到能够吸引到铁杆读者的作品。他说：“这种技术特别擅长找到精彩的内容，技术（采用的工作方法）是过去人力无法做到的。”他的算法会关注读者找到某部作品的路径、阅读的时长、隔了多久再回来阅读、评论的速度，以及作品和评论的文字。

Wattpad Studios 部门的总经理阿伦·莱维茨（Aron Levitz）负责将平台的爆款作品出售给出版商、制片人和代理商。他告诉我：“我们先用某些数据找到作者，不过需要指出的是，读者数据只占其中的一半。技术还可以识别作品内容中的模式。”Wattpad 优化了算法，以找到引发了与过去畅销作品类似情感共鸣的作品。“它激发了什么样的情感？这是关于巫师的，还是关于学校的？也许有点像我们过去听过的另一个故事。”他笑着说。

我问莱维茨，读者数据加上作品内容分析，是否会导致系统反复推送高度相似的内容。我试着问他，这样做会不会存在一种风险，即不再寻找新的内容，而是无止境地循环旧的内容。换言之，他将如何避免陷入循环？他坚持认为，并不是说新的作品与以前的作品毫无二致。系统分析的是读者的反应。人工智能检测人们对作品的反应，并与过去的人们对旧的作品的反应进行比对，然后识别出相似的反应模式。

他说，人工智能不是一切。“它并不能取代人类的判断，但有了数据的支持，我们将能更多地了解到这个（作品）成功的原因。”Wattpad 公司其实是在告诉出版界和电影界的合作伙伴，一款根据过去点击率指标进行训练的软件，比以前的任何一个系统都能更快地发现一部作品。“我们降低了风险。我们对这款软件充满信心，在有人愿意出 2 000 万美元将作品拍成电影之前，我们已经找到了这部作品，并且更加胸有成竹。”

从表面上看，Wattpad 实际上是在寻找“新的”内容。算法选中的作品来自世界各地，通常来自西方观众多年来忽视的文化和语言。这很可能是因为该算法让一个原本由白人男性把控的系统变得更加多样化了。

但是，我们再次关注这些趋势，不只是为了看看一家公司能否在几个财务季度利用人工智能使我们的生活变得稍微多样化。这个毫无疑问会发生。我们在这里要研究的是，未来几年里，市场力量、技术能力和人类固有的倾向将会共同塑造我们在下一个世纪的生活方式。我要重申一次，循环还没有完全形成。但循环的碎片正在聚合，在 Wattpad，我看到它已经初具雏形。

人工智能能否成为艺术家

如果真的像 Wattpad 的高管告诉我的那样，读者对一段内容的反应是他们可以量化的，那么我担心的是，无论作者是谁，以及他的背景如何，人工智能对内容的认可弧线都是一样的。这可能会带来一个风险，即我们可能会创建一个模式识别循环，将我们困在这样一个世界里：只有能持续引发观众相同反应的电影和书籍才能获得认可。在这样的世界里，如果我们看到一幅印象派画家的画作、一个朱莉娅·查尔德（Julia Child）的菜谱、一集《发展受阻》（*Arrested Development*），并意外感受到了巨大的文化冲击，但人们喜欢它们的原因是无法描述的，那么是否需要算法签字认可，才能将这个概念纳入人类的考虑范围呢？

如果人工智能总是在人类反应中寻找相似的情感和精神特质，那么最终是否会使人们陷入反复选择同一类型内容的循环？例如，在社交媒体上，我们已经开始窥见算法筛选给我们带来了什么。记者凯特·滕巴格（Kat Tenbarge）撰写了一篇文章，文中写道，TikTok 榜首网红实际上能力平平，“默默无闻的青少年被算法筛选出来，成为昙花一现的网红。这个循环已经滋生了无数争议，渗透到了世界上每一个角落，平庸的网络神曲在我们脑海中不断回荡”。[2] 虽然 TikTok 中来自世界各地的能人展示了非凡的创造力，但最出名的网红并不是在某个方面特别出挑——他们很美，但不如舞者和歌手耀眼，他们常常会模仿其他人发明的动作，对口型唱其他歌手的歌。然而，他们却能吸引数百万人观看，收入达数百万美元。他们是数据集中闪耀的明星。

2021 年，韩国搜索引擎巨头 Naver 收购了 Wattpad。Naver 的业务与谷歌类似，包括内容检索、用户分析和广告投放，但不像谷歌母公司投资自动恒温器和无人机送货系统，Naver 投资了一种很特别的产品。Naver 寻找、推广和输出音乐、电视剧、漫话小说等文化产品。Naver 的 CEO 韩成淑（Han Seong-sook）告诉我，Naver 的子公司 Naver Webtoon 是世界上最大的在线漫画小说平台，

Naver 在韩国多年来一直在这个平台中使用模式识别系统，而在读者喜好方面，Wattpad 是另一个模式宝库。Naver Webtoon 创始人金俊九（JunKoo Kim）告诉我，他正在试验能够绘制漫话小说的人工智能系统。“你不需要成为一位伟大的艺术家，你可以告诉软件你想要什么。”他自豪地说。人工智能现在不仅用于筛选出我们喜欢的创意作品，而且甚至可以直接创作作品。

在这里，任何对哲学稍有兴趣的人都会凑过来说：“等一下，你说的‘创作’是什么意思？”这是一个好问题。因为正如我们所知，人工智能没有自发的创造力，它只能从以前发生的事情中提取模式。2019 年，哈佛大学哲学教授西恩·多兰斯·凯利（Sean Dorrance Kelly）为期刊《麻省理工学院技术评论》（*MIT Technology Review*）撰写了一篇文章，文中他提出人工智能不能成为艺术家。

> 如果一只猴子在打字机上偶然地敲出一部《奥赛罗》（*Othello*），我们也不能称之为才华横溢的戏剧大师。如果产品有伟大之处，那只是一个意外。机器制作的产品也可能存在伟大之处，但如果我们了解到这种输出只是某种随机行为或流水线产品，我们就没办法接受它所表达的愿景是为了人类的福祉。因此，在我看来，只有人类才能被称为真正有创造力的艺术家。[3]

从抽象意义上讲，情况确实如此。如果我们把人工智能放在一群评委面前，对其能力进行盘问，我们很快就会发现它只是计算机模拟。但事实证明，如果你将人工智能放在拍卖行一屋子艺术品买家面前，他们会购买人工智能的作品。

2019 年，德国艺术家马里奥·克林格曼（Mario Klingemann）在伦敦一家画廊向我介绍了他的最新作品《路人的记忆 I》（*Memories of Passersby I*）。这件作品由两块 65 英寸的屏幕组成，屏幕竖直挂在墙上，通过电线连接到地板上内置了电视控制台的胡桃木柜子。控制台里有一台计算机，它借助人工智能生成持续不断的、永不停歇的、永不重复的印象派油画风格的朦胧肖像，两块屏幕上各有一张脸。

克林格曼花了几个月的时间让人工智能学习他在绘画方面的品位，具体来说就是，他让人工智能浏览了 10 万幅 17—19 世纪的欧洲油画，然后告诉人工智能自己最喜欢哪一幅。他在作品中使用了生成式对抗网络（Generative Adversarial Networks，简称 GANs），这意味着程序的一部分（生成部分）生成一幅又一幅图像，而另一部分（对抗部分）则对这些图像进行审核，只有与从他喜欢的图像中检测到的模式相吻合的图像才能通过。克林格曼告诉我："你给它一个训练集，它会创作新的图像，这些图像在统计意义上与你发给它的图像相似。"

克林格曼说，一开始他还需要检查 GANs 的表现，因为它们有时候会跑偏，表现出他不喜欢的种种倾向，因此他必须对输出进行调整。但很快他就可以放手了。他解释说："这有点像烹饪，刚上手的时候，你会觉得'太烫'或'太甜'。然后在某个时候，你会做出看起来不错的食物。”很快，他就对人工智能感到满意了。至少他觉得自己满意了。他指出，即使在传统绘画中，“你也无法完全掌控绘画呈现的效果。只有等到落笔之后才能看到”。他说，人工智能“画得太快了”。但在他看到画面之前，他已经设定好了自己的喜好。“有时候你不知道你想去那里，但后来你去了那里，你会发现它更好。”比什么更好？比他计划的更好，也许比他自己能做得更好。

他的观众似乎认可了这一观点。《路人的记忆 I》在苏富比拍卖会上以 4 万英镑的价格成交。可能人们对人工智能衍生的艺术品的兴趣仅仅是出于猎奇心理。这也许就是这类作品值钱的原因。这个想法让我纠结了一段时间，然后不想去想这件事情了。但后来 NFT 出现了。

NFT，即非同质化代币（non-fungible tokens），是数字文件中的代码，在区块链这种公共账本系统里具有唯一性。一旦 NFT 被放置在电影或音频文件中，这个文件理论上是同类文件中唯一的一个，在区块链的公共账本中，任何人都可以查看这个 NFT，看看它是否属于特定的人。这意味着人们能够独自拥有一个数字文件，就算其他人有完全一样的文件也不影响文件归属的唯一性。

贾斯汀·布劳（Justin Blau）是一位 DJ 兼制作人，人们都叫他 3LAU。他在拉斯维加斯的家中告诉我，在 10 年的巡演中，他赚了大约 1 240 万美元。2021 年的前 4 个月，他向想买他的作品限量版的粉丝出售 NFT，赚了 1 290 万美元。我问他这是为什么？人们有什么理由把钱花在他们可以免费拥有的东西上？

他告诉我："这让人们觉得在听属于自己的东西。这就是一种感觉。人们愿意为体验付费，而不是单纯的产品和服务。这是因为我们的整个人生就是由记忆塑造的。这些体验给我们带来快乐。"

布劳说："拥有这件艺术品为他人的生活创造了巨大的价值。这是我能感受到的一种情绪。这就是人们在这里购买的东西。"

很明显，人们对"拥有"一件艺术品或音乐所带来的附加情感满足有着强烈的渴望，即使是以一种短暂的、数字化的、看起来毫无意义的方式。我回想一下卡尼曼、特沃斯基、斯洛维奇和泰勒，他们研究了人们在情感上对不确定性的过度敏感，对可靠结果的无意识需求，以及人们一旦拥有了某样东西，就会在心理上赋予这件东西特别的魔力。可能，这些繁荣时期的数字艺术都只是严重财富不均（这肯定是一个因素）或猎奇心理（这无疑也是一个原因）的产物。也许是靠着向艺术家施压，让他们区分自己和每一件作品，NFT 抵消了各种形式的艺术品对所有权的稀释，这样他们就能在一片艺术品都是免费的宣言中出售自己的作品。但同样显而易见的是，我们再次被卷入一个我们并不理解，但无法不相信的系统（数字艺术市场），我们将我们的决策外包给了我们的情感（如布劳所说的，人们追求的"感觉"），而不是我们的理性（否则理性会告诉我们，数字艺术与你在网上很容易找到的其他复制品并无二致）。在人为稀缺和无意识决策的背景下，快进掉一两代人。艺术家还会创作自己的作品吗？还是她只会重新组合过去的图像？观众会自己发现这部作品，还是等着被推送？我们会对新的作品产生新的情感吗？还是我们只会感受到几年前循环发现并奖励的情感？

这种人为预先塑造的品位贯穿了整个艺术领域。洛杉矶作曲家卢卡斯·康托尔（Lucas Cantor）“完成”了弗朗茨·舒伯特（Franz Schubert）的“未完成交响曲”（Unfinished Symphony），他将作曲家的其他作品输入一个 GAN 中，并要求 GAN 对缺失部分的曲调给出最佳猜测。（而且没有花太多时间，所有的处理都是在一部华为手机上进行的，作为对华为公司的推广。）康托尔告诉我：“它反馈的一切都让我觉得不可思议。这就像有一个合作者，他有源源不断的想法，不知疲倦，不会江郎才尽，从不态度恶劣，从不需要休息。”音乐因为有着数学结构，是人工智能可以模拟的最简单的人类领域之一。Amper、谷歌的 Magenta、Flow of Machines 等服务商只需要用户设定音调、流派、情绪、每分钟节拍数，然后人工智能系统几乎立即就能创造出一段像模像样的伴奏音乐，听起来就像是电影中奏起的曲调，或是让人感到会有一位新兴歌唱家随之歌唱。OpenAI 的 Jukebox 系统制作的音乐甚至包含了人声，在我听来与真人无异。

这种对真实音乐不可思议的模拟当然不只是为了让我们更快乐，其更大的目的是获取利润。美国音乐家联合会的录音室音乐家每次录音至少付费 240 美元。作曲家的版税、录音室租用费用、录音工程师的人工费用，所有这些能把一首歌曲的价格推高到数万美元甚至数十万美元。而在 Amper 购买一首可用于在线广告的完整歌曲，只需要 499 美元。先把美学放在一边。想想资本主义会作何选择。想象一下，企业将多么迫不及待地想要利用人工智能，为我们每个人量身定制永不结束的、永不重复的低成本娱乐节目。OpenAI 的研究员迈尔斯·布伦戴奇（Miles Brundage）在 2020 年写道："大概可以肯定地说，几乎完全依靠人力制作、从未个性化定制的媒体时代即将结束。"[4]

从哲学意义上讲，这些可能都不是艺术。这一切都只是一种模仿，是利用过去观众对艺术的反应而进行的逆向工程。但既然你我都无法辨别，那又有什么关系呢？我们的大脑会开始期待它。很快我们就会忘记其他的生活方式。录音室音乐家、原创作曲家、诗人和画家将会发现自己身处这样一个世界：在这个世界里，算法将艺术与人类最基本的情感相匹配，艺术创作变得轻而易举，我们只需要按下按钮就可以自动生成艺术作品，而我们不会对此产生真正的惊喜。

资本主义对循环的影响

现在让我们再加上一层复杂的东西，也是我们所讨论内容的一个组成部分，即资本主义使我们对循环中的不平等视而不见的方式。

我们一直相信努力工作和好运气是成功人生的要素。美国资本主义，以及催生它的英国农业个人主义，诞生于这样一个理念：我们努力工作，那么我们的创新可能会使得作物收割和泵油更有效率，而且每个人都能拥有收获幸运的机会也是市场正常运作的一部分。如果走运买到超值的房子、作为歌手重出江湖、拿下被低估的油矿、在合适的时机签约，也许你也能暴富。人们可以拥有机会，可以创新，也可以率性而为。

但凭借对过去发生的事情进行采样，人工智能可以从根本上消除所有这些可能，尽管我们仍然相信好运可能会降临是资本主义维持平衡的强大力量。

当然，认为任何人都能成功的信念一直是有缺陷的，现实一次又一次证明，在购买住房、申请贷款和工作方面，努力工作和好运气无法克服几个世纪以来的系统偏见。一位想出了好点子的幸运企业家的故事，真的只适合那些有着正确的种族、性别和姓氏的幸运儿。循环已经让越来越多的人失去了这种可能性，一想到它将如何让人们始终相信这种人人都能成为明星的故事，简直令人不寒而栗。

杰西·埃尔南德斯（Jesus Hernandez）是一名城市社会学家，他曾花了 30 年时间作为政策分析师评估加利福尼亚州的福利和心理健康项目，同时为了养家糊口，他也在萨克拉门托市做房产经纪人。次贷危机袭来时，他正处于第三个 10 年，一边做危机规划，一边带客户看房。他看到萨克拉门托的房屋止赎从 2005 年的历史低点（即次贷高峰）117 起，上升到 2008 年的 17 801 起。这种不幸的事情并不是均匀分布的。在白人社区，危机较为缓和；而在市中心商业区附近的橡树公园（Oak Park）和德尔帕索高地（Del Paso Heights）这样的非白人社区，房子价值相比 2006 年的峰值下降了 80%。

这段经历太令人不安了，以至于埃尔南德斯退休后，他把钱花在攻读加州大学戴维斯分校的社会学博士学位上，并成为住房风险机制及其损坏机制方面的专家。他告诉我："一个正常运作的市场有四个先决条件，分别是买家和卖家、产权、信息，以及资金获取。一旦你干扰了这些条件，你就改变了市场的表现。"他说，干扰模式反反复复，在美国各地都很常见。"如果你观察美国的房子，你会发现在许多方面，我们让这些先决条件出现了偏差。"

埃尔南德斯花了 3 年的时间，自费收集数据和学术文献，对萨克拉门托全市范围进行分析，发现了一种模式，可以用来预测具体到某一户人家中，这些先决条件如何提高或降低稳定持有房屋、过上大众眼中成功生活的概率。他说："我的问题是'如果一个社区不受城市重视，会发生什么？'"他的地图将萨克拉门托分为四个部分，他发现南北轴线上大部分是穷人和非白人，而东西轴线则相对富裕，大部分是白人。这些模式与萨克拉门托市历史上的歧视区域完全吻合，在那里，所谓的种族契约被写入房屋所有权文书，禁止将房产卖给非白人买家。埃尔南德斯将这些历史区域叠放在联邦和州政府发放改善住房资金地图上，说："我可以预测哪里会发生帮派暴力事件，哪里的居民更加依赖公共交通，谁会失学，等等。"

现在，他以这张地图为基础开发了一个系统，可以根据社区缺少哪个健康和富足的必要条件，来预测社区的发展轨迹。埃尔南德斯解释道："如果其中一个必要条件消失了，其余的都会变差。住房问题会毁掉教育，没有受到良好教育则很难获得好的工作机会，这又会影响到健康，这样住房问题就完全搞砸了。"其他城市现在正在使用他的工具来进行自我评估。

他的两个职业，一个试图了解人们如何陷入最绝望的境地，另一个试图帮助人们提高收入。埃尔南德斯说，他现在明白，机会的大马戏团并不是对所有美国人开放，一个多世纪以来，由于缺乏适当的机会和投资，许多人的发展受到了限制，亚当·斯密（Adam Smith）提出的能使自由市场公平的“无形之手”并不存在。

他说：“如果我们能看到那只看不见的手，我们会发现那是白人的手。”正如他所说的，如果一个社区像萨克拉门托的非白人社区一样长期处于停滞状态，那么它就会看起来像是患有某种“地方病”。作为人类，我们陷入了一种错觉，即“坏”和“好”社区反映了当地居民的道德水平和信贷价值，而并未反映出那些让他们陷入困境的歧视性做法。现在想象一下，将萨克拉门托各地的犯罪、房贷、房屋火灾和酗酒数据输入数据库。再想象一下，将模式识别算法用于在萨克拉门托筛选出的最有可能偿还贷款，或是无法活到美国预期寿命的人。算法不会告诉我们选择的理由。它只会告诉保险理赔员、保释担保人或抵押贷款经纪人过去的统计数据。在这个过程中，算法不会考虑这些人的法律或道德责任，而是关注不公平、健康状况不佳和高违约率的根源。算法说，看看这里。历史数据告诉你应该在这里投资。这是遵循相同程式的循环：对数据进行采样，分析结果，给出筛选后的列表，然后我们再次选择，继续循环。一旦你看到决定你可能喜欢哪些作家（同时还塑造了市场生态，使相似的作家成为主流）的同一系统也可能用于决定信誉（以及房地产市场的形态），循环的赌注突然远远超过了我们正在听的音乐。

没有什么比模式识别算法更具有内在盲目歧视性的了。如果将模式识别算法拟人化，它们看起来就像是中立的仲裁员。它们让用户摆脱了棘手的道德和法律困境，而我们并不喜欢做出这类决定。如今我们把越来越多的决策权交给算法，那么我们如何对抗与算法相关的一切？

机器学习中的偏见和歧视是创建和部署人工智能所涉及的众多道德问题中最早的、最丑陋的问题。这并不是说我们已经准备好解决这些明显的问题，或者说这些问题解决起来很容易。实际上我们甚至还不知道，如果我们能够清楚地阐明问题并提出解决方案，处于权力地位的人是否愿意实施其中任何一个方案。

不过至少有某种法律框架来判定和解决歧视问题。现代生活的核心系统，如就业、住房、刑事司法、教育，基于性别、种族或性取向的歧视是违法的。如果我们遇到放大这种偏见的模式识别系统，我们需要先确定一个共识，即偏见是不好的，而且也不合法。

当然，困难在于模式识别系统很难检查出诸如歧视性选择之类的东西。机器学习的运作过程是一个即兴计算的黑匣子——其实就是让一屋子的猴子敲打字机，人们希望它们最终能意外地写出莎士比亚的作品。限于这些系统开发方式的性质，我们基本上不可能回去问猴子它们是如何敲出《李尔王》的。

如果我与数据科学家讨论贷款的不平等问题，他们往往会有两种反应。一种反应认为如果想要补偿过去受到不平等对待的人，那么公司就会倒闭，而且这从道德和理智上来看都不正确。一位开发过这种信贷模式的人告诉我："美国历史上每个贷款机构都发现了，几乎任何信贷模式都会造成不同种族的人不同待遇。如果你真的希望每个种族的人都能以相同的速度获得批准，为了实现公平你需要花费很大力气。"他指出："你不能以这种方式创办企业，除非你能得到巨额补贴。"另一种反应认为系统只需要删除错误的输入。他们指出，显然其中有一些东西扭曲了结果。你只需要在算法的训练集中找到有问题的数据并将其删除即可。

不过，许多偏见研究人员和技术专家指出，很多公司已经吸收、学习和反刍了一种系统性种族主义和制度性歧视的模式，而且甚至连他们自己都未能觉察。如果我们认定应该反对这种模式，我们就不能只是从流程中删除数据。相反，我们必须停止假装数值和历史统计数据就是我们需要的所有数据。我们还需要对过去的歧视模式负责，就是杰西·埃尔南德斯花了几十年时间测算的那种可怕的系统性伤害，我们要尽可能弥补它。

关于人工智能偏见的研究发展迅速，已经取得了重大进展。研究人员乔伊·布奥拉姆维尼（Joy Buolamwini）和蒂姆尼特·格布鲁（Timnit Gebru）在 2018 年 2 月发表了一篇开创性的论文，揭示了三大商业人脸识别系统识别白人男性面部的错误率仅为 0.8%，而相同系统识别深色皮肤女性的错误率超过了 20%。他们指出这种误差的风险在于："虽然人脸识别软件本不该用来决定刑事司法系统中个人的命运，但这种软件很可能被用来识别嫌疑人。[5]受这项研究的启发、负责为新技术建立技术基准的联邦机构——美国国家标准与技术研究院（NIST）开展了一项研究。研究发现，在全球 99 家公司的 189 种人脸识别算法中，亚裔和非裔美国人的面部识别错误率远远高于白人面孔。但 NIST 也发现，这并不是因为非白人面孔更难识别。实际上，亚洲制造的软件就不存在白人和亚洲面孔之间的错误率差异问题。

NIST 的研究结果公布之后，商业人脸识别系统的准确性提高了。人脸识别厂商 FaceFirst 前 CEO 彼得·特雷普（Peter Trepp）告诉我，自 2018 年以来，他的公司在每个肤色、性别等个体变量上都达到了近乎完美的准确度。在美国数千家商店中，人脸识别系统会悄悄地将你的脸与现有的扒手数据库进行比对。甚至我曾经逛商场的时候，那里的人脸识别系统会告诉店员我的名字和购物史，让他走近我，询问我是否对另一套衣服感兴趣，他推荐的这套衣服和我上次买的那套很像。这些都是 FaceFirst 开发的系统。特雷普解释说："我们可以看到这个系统的准确率高达 99.8%，因为我们采用了可以公开测试的非常大的数据集，这些数据集中包含大量来自不同背景的人。所以，关于无法正确识别有色人种的问题，以及我们过去几年中注意到的一些问题，虽然多年来常见于媒体报道，但其实现在基本上不存在这些问题了。这要归功于我们正确地训练了数据。"正如他所描述的，购买 FaceFirst 这类软件来识别惯偷、老顾客的公司对只能识别白人男性的技术不感兴趣。他们需要能够识别每个人的东西，而这个行业则非常积极地给客户提供这种东西。

不过，厘清了准确识别各个种族人脸的数学方法，也只能解决循环可能会给我们带来诸多问题中的一小部分。我了解到，一些公司正在开发技术来识别我们脸上的情绪，利用我们的面部特征来更好地给我们投放广告，并根据我们出现在相机中的不同时间在地图上跟踪我们的活动轨迹，每当此时，我就在想是不是识别错误多一些会更好。当然，这种想法是不对的。罗伯特·威廉姆斯会告诉你，错误识别不是只会让你脱离你不想参与的系统，它也会让警察错误地逮捕你。不过这些系统的准确度并不一定值得庆祝。它只会推动我们在循环中越走越远，直到准确评估并且强势地塑造了关于我们的一切。

林迪定律

我刚才提到了关于我们的一切，我指的就是一切。人们很容易相信，模式识别无法捕捉人类的某些行为，一定存在算法分析无法形容的人类属性。但我认为，如果将足够多的时间、金钱和处理能力投入行为分析中，加上我们面临的选择数量锐减，一旦我们习惯于只从推送给我们的内容中做出选择，就有可能形成足够可靠的规则，这样算法将会被应用于任何事情。以前我们就记录过那些看似无法量化的事情的规则。1964 年，《新共和国》（*New Republic*）杂志的作家阿尔伯特·戈德曼（Albert Goldman）写了一篇关于林迪（Lindy's）的文章，林迪是纽约的一家熟食店，电视喜剧演员们常常在那里对剧目和其他演员评头论足，推测谁会成功。戈德曼写道："这些叼着雪茄的光头们无所不知。"他开始相信"电视喜剧演员的演艺生命与他在媒体上的总曝光量成正比"。如果你主演每周系列节目，那么你就完蛋了。但如果你是参演特辑或是客串，你就能工作到退休。戈德曼将他的文章命名为“林迪定律”（Lindy’s Law），一代又一代的作家抓住了这一主题，以此来预测某些思想和艺术作品的寿命。

这并不仅仅是那些想为《深夜秀》（*Late Night*）写剧本的作家们一边喝着糟糕的咖啡一边想的。戈德曼提出的概念引发了整个统计界的思考。数学家本华·曼德博（Benoit Mandelbrot）在 1982 年出版的一本关于分形的书中更新了这个模型，认为曾经出场的喜剧演员将来出场的可能性更大。纳西姆·尼古拉斯·塔勒布（Nassim Nicholas Taleb）在他的著作《黑天鹅》（*Black Swan*）中引用了曼德博的概念，并在他的著作《反脆弱》（*Antifragile*）中对一个概念进行了专门的数学分析，即如果一个理念在传承，它的寿命也会增加。塔勒布写道：“对不会自行消亡的东西，每多存在一天，它所剩时日的期望值会增大。”

从某种意义上说，戈德曼已经找到了一种定律，人工智能可能用它来评估喜剧演员的前景。这一观念的起源表明，人类喜好和想要满足它的市场力量，很可能受到一些规则的约束，而这些规则是可以具体描述出来的，甚至可以用来做出预测。不过，戈德曼在 1964 年写道：“尽管林迪定律是大量常识的反映，但它更多的是一个警示寓言，而不是一个准确的描述或预测。”决定喜剧或电视事业成功的因素非常难以捉摸，而且错综复杂，无法用简单的定律来预测。

但他有一件事是肯定的。在林迪熟食店中，别具一格的喜剧天才乔纳森·温特斯（Jonathan Winters）在电视节目中的表现一直是人们争论的焦点，戈德曼担心，电视高管们“担心有一天喜剧演员会失智，这让他们想要发明一个安全、干净、可靠的公式”。如果程式化商业不能“预测”行为，它就会想要“塑造”行为。

如今，我们更有可能开发出一个真正“能够”预测哪些喜剧演员将会成功的系统。这样一来，让一个人在大量数据中脱颖而出的特点就会被抹平，最终，那些被 Wattpad 判定为过于古怪的作家、来自萨克拉门托错误地区的居民将会被系统抛弃，名利双收的则是平平无奇的 TikTok 大众网红、跟风创作的艺术家，以及乔纳森·温特斯最乏味的戏剧。

操演性

利用人工智能为我们做出决策，最终会使我们重新设定我们的大脑和社会。依靠人工智能来做出选择，甚至创作艺术、音乐或喜剧，最终不仅会塑造我们的品位，还会塑造我们的社会政策、居住地和工作。

2020 年 2 月，加州大学伯克利分校的一项研究指出，监督学习做出的预测往往会影响被预测的事物，这种趋向被称为“操演性”（performativity）。

> 交通预测会影响交通模式；犯罪地点预测会影响警力分配，从而可能制止犯罪；推荐会塑造偏好，从而影响消费；股票价格预测会决定交易活动，从而决定价格。[6]

研究人员指出，学术界和政策圈对于“操演性”已经很了解。但直至今日，人工智能工程师基本上还没有注意到它，尽管它已经无处不在。研究人员写道：“被忽视的‘操演性’往往会以不受欢迎的分布变化出现。”在分析过程中，情况发生了变化，但这看起来像是一个数据问题，因此人工智能开发者认为最好的做法是根据过去的结果对人工智能进行再培训，正如艺术家马里奥·克林格曼为了创造出自己喜欢的东西，用各种方法引导他的人工智能肖像绘制机器。

该研究得出结论，为了避免这种情况发生，也许人工智能不应该根据过去的结果来评估其预测，“而是根据未来的结果，即预测执行后的表现”来评估预测。他们接着制定了一个可能的数学框架，“在这个框架中，一个代理先根据特定策略收集一批数据……然后找到针对这一离线轨迹的最优策略”。与其根据我们过去的喜好来选择剧本，或是创作艺术和音乐，不如“离线”调整人工智能的指令——就像是把拳头塞进布丁里，稍微搅动一下。或者至少，在我们要求人工智能娱乐我们、筛选求职者或批准住房贷款之前，我们需要自己决定未来彼此想要什么，并推动它实现这一点。

但与此同时，重要的是要记住，仅仅因为人工智能没有提供我们需要或想要的结果，并不意味着我们不会被它们说服，或者我们不会再次受到它们的影响。一旦人工智能策划的电影剧本获得批准、人工智能生成的艺术品成功销售，这就是循环下一轮的采样数据，最终导致我们走上一条选择更少的路。

这也适用于号称能做出预测的人工智能，它们为我们预测我们想要扔给机器判断的事情。我们社会最大的成功是开发了系统用来解决分歧、计量无法量化的事情，以及解决争议。这并不容易，而且这是一项未完成的事业。调解、谈判，两害相权取其轻，这是现代社会最困难的事情。在某些情况下，我们才刚刚开始应对挑战。但现在，一种技术已经出现，理论上可以代替我们做一些决策——一种基于过去预测结果的技术，我们将开始让它帮我们做出重要选择，因为这是我们不想做出的选择。

塑造人类行为的人工智能

我和亚奎琳（Yacqueline）坐在加州北部郊区的一间厨房里，她在讲述自己是如何下定决心要和她丈夫分开的。（应她的要求，我隐瞒了她的姓氏。）他们在一起五年后，她意识到有些事情必须改变，她又花了两年时间寻求平衡。“我们什么都试过了。我们一起做过心理咨询。我们去过教堂。”但有些事情是无法跨越的障碍。她说：“我只希望还能做朋友，回到宝宝出生前的关系。回到这一切发生之前的日子。但我们之间已经发生了这么多事情，再也回不到从前了。”

过去几代人中流行的假设是，父母之间的冲突对孩子来说是如此可怕，以至于如果一对夫妻无法共处，父母中的一方应该独自抚养孩子。但是，过去 20 年[7]的几十项研究[8]发现，就算父母经常发生冲突，孩子也能从共同监护中受益，而且赢家通吃的监护安排不仅剥夺了孩子与爱他们的父亲或母亲的时间，而且还会加剧父母之间的冲突。在我看来，分居和离婚的因素太复杂了，包含个人化的触发因素、童年创伤、扔掉的电话、怒吼的声音等，无法用人工智能（更不用说人类研究员）来分析量化。但事实证明，恋人之间，尤其是父母之间的冲突，遵循着极其可预测的模式。事实上，统计学家发现个人化因素非常一致，他们用 PIC 这个缩写词来描述三个主要因素：亲子关系的质量（P）、家庭收入水平（I）、冲突程度（C）。事实证明，如果你能控制好 PIC 因素，共同监护比单独监护更适合孩子。

关于离婚夫妇的法律和社会育儿模式似乎正在适应这种新的思路。在西方国家，特别是相关研究成果最多的斯堪的纳维亚半岛，共同监护越来越普遍。在美国的威斯康星州等地，多达 30% 的子女监护案件的结果是共同监护。在瑞典，这一比例超过 60%。

亚奎琳在谈话中透着疲惫，她不仅需要应付一份全职工作、一个年幼的孩子，还有一个无法相处的男人。像她这样的父母要承受的太多了，他们已经不堪重负。

"我觉得我们都是成年人了，我们应该能够把话都说开，放下情绪，一起抚养孩子。我觉得这是理性的做法。我们试了几个月。"但她告诉我，她和前夫根本无法共处。即使是最微小的日常谈判，最终也会恶语相向。"所以最后我们回到了法庭。"她说。法官查看了他们的调解历史、学习的共同育儿课程，甚至临时限制令，告诉他们，从现在起，他们所有的沟通都必须在一个新的人工智能调解系统中进行。

亚奎琳从钱包里掏出手机向我展示了这个系统：一个名为

coParenter 的沟通记录 App。她划过一个个页面，向我展示了她和前夫之间的对话消息、医院预约和空手道课程的日历，以及地图上她和前夫标记的接送儿子的地点。她还向我展示了在对话中，软件弹出的消息中断了他们之间的沟通，提醒他们考虑自己的孩子，或是给他们提供帮助。例如，给她机会与调解员交谈，询问她是想单独谈谈还是想和前夫一起。然后，这个系统提供了一份推荐的主题清单，从沟通、财务分歧到日托。

coParenter 锁定了夫妻之间谈判的模式，并使用机器学习来预测接下来的对话。事实证明，这些规律其实很容易发现。该公司的联合创始人乔纳森·韦尔克（Jonathan Verk）表示："如果父母一方想要改时间，或是增加陪伴孩子的时间，他们只能用这些方式提出请求。"他的系统使用人工智能来识别夫妻之间互提要求的模式，将消息中的文字与数据库中已有的谈判模式相匹配，然后推荐相应的安排。他说："关于改时间、换班休息这些事情，我们现在已经有 2 万份协议模板了。"亚奎琳和前夫开始讨论儿子的空手道课程，系统打断了他们的聊天，并提出了一个有趣的建议，于是他们对一份非正式协议模板做了些修改，达成了他们之间的协议，这个协议以前已经被别的父母用过几千次了，应用于各种各样的事情，比如孩子的夏令营、大提琴课等。它确实起了作用。

之所以说这个 App 真正将我们引向未来，是因为它不仅试图让人们达成协议，而且还积极避免分歧。为了让我能更了解这个 App，亚奎琳小心翼翼地输入了一条满是脏话的信息，然后系统弹出了一条警告，礼貌地解释说，这种辱骂性的语言可能会让人不敢靠近。她尴尬地笑着说：“我喜欢讲脏话，但我现在讲得少些了。这就像打保龄球，球道两侧有保险杠，这样你就会朝着正确的方向前进了。”

亚奎琳说，她喜欢这种指导方式，这能改善她和前夫之间的相处方式。coParenter 声称，在开始使用软件的夫妇中，80% 以上的夫妇再也不会闹到法庭上。亚奎琳就是如此。她表示，这个项目是一项创举，而且来自软件的监督完全不会给她造成困扰。

“我儿子只有五岁，他很快就六岁了。所以我们还有很多时间，直到我们处理好彼此的关系。”我问亚奎琳，她能否想象在儿子成年之前一直使用 coParenter。她告诉我：“那是肯定的，我每天都在用。我不会在其他地方与前夫交流。”

亚奎琳说，她可以察觉到这个产品中有着更宏大的模式，她和前夫的关系在很大意义上是前几代人关系的复现，对于她和前夫，以及任何一对夫妻来说，打破这种循环都是非常困难的。

“我爸妈分开了。他爸妈也不在一起，我们都是在单亲模式下长大的。所以我们不知道父母陪伴着长大是什么感觉。”她叹了口气，“我和他的反应模式很像我们曾经的经历。”像任何一位家长一样，亚奎琳也是在摸索着育儿，她说一路上接受的指导很有帮助，这让我想起了尼克对着希瑟耳语，引导她与儿子迈尔斯互动的场景。

我们尚不知道亚奎琳和前夫是否会形成一套新的行为模式，而这种模式在儿子长大独立之后，还会对他持续产生影响。这就是循环，它会读取我们的行为模式，然后引导我们的行为。

coParenter 这样的系统发现了我们自己看不到的模式，看起来代替了我们的系统 2，这是我们制定法律、调解和道德体系的高级系统。实际上它们只参与我们的系统 1。有了 coParenter，我们就不必深吸一口气，然后思考更宏大的问题。我们无须动脑，只要简单地跟着屏幕上的提示即可。

我不知道这是好事还是坏事；我只知道它的影响非常大，而且很可能会持续几代人。亚奎琳的儿子正在享受父母双亲的关爱。他看着他们以某种方式缓和了剑拔弩张的关系，依靠隐藏在手机里的神秘机制共同育儿。但他学到了什么？他是否在学习如何与生活中最难应付的人交流？父母除了逐行阅读人工智能的提示，保持平平淡淡的合作关系，还为他树立了什么榜样？与分居的父母、对立的同事、疏远的朋友该如何沟通，他是不是对此形成了一种思路？这些会自动出现在他的脑海里吗？还是说，到那时他只会依靠一套成熟世故但完全是人工塑造的社交本能来使用 App 沟通？这是训练吗？这些训练的车轮是否永远不会停歇？循环会不会让一代又一代人忘记他们对艺术、音乐和彼此的喜欢？

现在，我希望我已经阐述清楚了 coParenter 是我在本书中所探索的最后一个循环的一部分。它来自一批新型企业，他们推出了无穷无尽的产品，声称不仅能发现人类行为模式，还能塑造人类行为。这些企业正在迅速发展。

meQuilibrium 是一家总部位于波士顿的公司，该公司网上的营销材料中写道，可以使用人工智能来分析客户公司中每个员工的在线沟通记录，以形成“一个基线弹性得分、一份个人简介，以及一个量身定制的计划，以帮助他们提升短板”。人工智能读取员工的聊天记录，并自动提出建议，告诉员工如何提升自己，以及告诉公司如何更好地管理所有员工。

另一家这样的公司Cogito是呼叫中心客服的实时教练。它的软件可以分析与客户的通话，识别出客户不耐烦的迹象、匆忙的讲话，甚至“购买意向”。随着呼叫中心客服的进展，如果软件认为对话需要一点温暖，他可能会得到“共情提示”。根据该公司的宣传材料，这项技术不仅使客服“说话更自信、简洁、富有同情心”，而且可以寻找表现最好的客服的共同特征，并“提供自动指导，帮助所有客服做到最好。”凭借寻找模仿、一致性、话语转换等模式，“一个实时的仪表板展示了客服擅长的行为，突出了需要关注的行为”。Cogito的联合创始人兼CEO乔什·费斯特（Josh Feast）表示，结果充满了希望，他有兴趣将该技术扩展到其他社交领域，如同事之间的交流。[北卡罗来纳大学教堂山分校法学教授杰弗里·赫希（Jeffrey Hirsch）在《快速公司》（*Fast Company*）杂志撰文指出：“除了很少的例外情况，比如在洗手间和其他特定区域，员工们需要保持相对隐私，私营部门的员工实际上没有任何途径，也没有任何法律权利选择退出这种监控。他们甚至可能不会被告知自己受到监控。”][9]

还有一家名为Affectiva的公司。该公司的CEO拉娜·埃尔·卡利奥比（Rana el Kaliouby）首创利用人工智能帮助自闭症患者与别人沟通。但很快，她开始将这项技术应用于更广泛、更商业化的用途，比如识别汽车驾驶员的危险信号。卡利奥比给我举了个例子，当司机的眼睛很疲劳，但嘴巴停止打哈欠时，司机可能就要趴在方向盘上睡着了。不过，该公司最新的尝试是情感量化，例如辨别一个人对广告或电影的关键场景是否有积极反应。保罗·斯洛维奇和温迪·伍德等人的研究让我们了解到，我们将大量的决策权转移给了情绪，“跟着直觉走”是我们的主要行为机制之一，而我们几乎不会有意控制其中任何一个。给人工智能一次测量我们情绪的机会是一个巨大的商机，它为影响我们的情绪和我们与它们一起做出决定铺平了道路。

许多批评家认为，这些技术根本无法做到其发明人所声称的那样。加州大学旧金山分校精神病学教授温迪·门德斯（Wendy Mendes）一直致力于研究我们的情绪如何塑造我们的行为，她表示，谈及我们的脸如何表达愤怒、幽默或悲伤时，人与人之间的文化和个体差异导致这根本不可能实现，训练算法来阅读人类情绪这件事还远远谈不上对我们有威胁。

我和她在旧金山一起吃午餐时，她问我：“我生气了，还是我想让你觉得我生气了？”她告诉我，可以训练人工智能来识别面部的微表情，但微表情过于微妙多变，很难对其做标准化和自动化的分析。她说：“这种认为微表情体现内心状态的观点是有问题的。微表情是用来传达内心状态的，而且是基于特定文化的。认为存在完美的、系统化的、可统计的规律的观点根本站不住脚。”

除此之外，她还认为，一个声称能够识别意图的系统所带来的便利——例如偷窃或挥拳的意图——对于警察或联邦调查员来说有着巨大的吸引力。她告诉我：“如果它被广泛应用，那么执法机构会做出反向推断。”因为它可能为人们节省时间，即使是科学家也难以抗拒这种诱惑，“学界对于反向推断争议不断，学者们总是撰文交锋。”

她举了 SPOT 项目的例子，该项目是美国运输安全管理局根据美国心理学家保罗·艾克曼（Paul Ekman）的研究成果开展的，总投资近 10 亿美元。艾克曼是微表情研究领域的先驱，他为美国运输安全管理局开发了一个基于面部表情分类的系统。2015 年，艾克曼发表了一篇博客为该项目辩护，文中写道：“如果人们要面临重大损失，如死亡或监禁，就会产生难以掩饰的强烈情绪，所以人们常常会表露出这些情绪。”

门德斯告诉我：“我有一把以他的名字命名的椅子，我非常敬重他。但他认为不同文化中人类基本情感是一样的，我难以认同，这根本站不住脚。”

2013 年 11 月，美国政府问责局发布了一份报告，发现在该项目上花费了近 9 亿美元后，美国运输安全管理局还没有任何证据证明其有效。当天，时任南卡罗来纳州众议员的马克·桑福德（Mark Sanford）质问了当时的美国运输安全管理局局长约翰·S. 皮斯托尔（John S. Pistole），迅速询问了 SPOT 计划的筛选机制。

桑福德：如果你是一个坚定的右翼阴谋论者，有着强烈的反政府倾向，你在网上发布一些可能不太好的东西，但因为是在网上，具有一定的隐蔽性，不过现在有一名执法人员在调查你，问你问题，你会表现出压力或恐惧吗？

皮斯托尔：这取决于个人，可能是这样。

桑福德：你是一个移民，你的父母是非法来到这里的，如果有人问你问题，你会表现出压力或恐惧吗？

皮斯托尔：我重申一下，这都得看情境。

桑福德：假设你是正在遭受丈夫家暴的妻子，你想搭飞机离开这个城市，如果有人审问你，你会表现出压力或恐惧吗？

皮斯托尔：再声明一次，得看情境。

桑福德：我认为这和政府问责局的报告有着同样的观点。你用一个类似脱掉人们衣服的筛查系统，用雷达等装置检测他们的设备。现在的问题是，从公民自由的角度来看，我们真的还需要其他测试吗？你还想要增加一个能够读出人们想法的筛选环节吗？

皮斯托尔：议员先生，你提出了很好的观点。这里没有完美的科学，也没有完美的艺术。

但在销售人工智能行为分析系统的公司的宣传材料中，其中用到的科学听起来很完美。这毫无疑问不是事实，但人工智能可识别的模式看起来足够可信，而且正如门德斯向我指出的那样，这些模式足够方便，以至于我们会很想批量采用它们。

扩张的循环

你已经可以看到它在发生了。2017 年，卡内基梅隆大学的研究人员在 GitHub 上发布了名为 OpenPose 的代码，据介绍，该代码“用于身体、面部、手部和脚部判断的实时多人关键点检测库”。一年后，一家名为Earth Eyes的初创公司与日本电信巨头NTT East一起，将其改造成了一个名为AI Guardsman的系统，该系统可以扫描经过商店的人，识别他们是否有顺手牵羊的迹象，并及时提醒店主进行干预。截至2019年，日本已有50多家商店与Earth Eyes的竞争对手Vaakeye签约，该公司同样承诺能识别出“烦躁不堪”“坐立不安”等表现出犯罪可能性的行为。循环变得越来越大。

它也开始影响我们对周围世界的了解。以前，广告的创作和投放是一件人为之事，创意团队拿着印了活动想法的宣传单，先要取得客户的肯定，然后由客户管理团队将其投放到他们认为最容易触达目标受众的报纸、杂志、广播和电视台。

1994年，《连线》杂志线上版——《热线》（*HotWired*）杂志向美国电话电报公司（AT&T）出售了第一批线上横幅广告，使用了一种典型的电话和欢庆晚宴的编排方式，在此之前，每个美国人每天都会收到大约500条模拟广告。如今，广告程序会自动在数十亿个页面、视频和新闻提要上投放广告，这意味着美国人平均每天看到的广告接近1万条。

广告触达的范围之广，基本上抹去了人类参与曾经被称为账户管理的活动。由此产生的行业创造了巨额价值。到2016年，在线广告收入已经飞速超过了电视，电视不再是主要的广告媒介。

但如今在我们的日常生活中，在线广告代表着巨大利益，与我们的生活密不可分，一些隐藏的次级效应正在显露出来。众所周知，在线广告和与之相关的在线新闻的兴起，已经毁掉了过去纸媒最擅长的事情：吸引读者，培养他们对产品的忠诚度，并长时间占据他们的注意力，从而将广告有效地投放给他们。地方性报纸几乎消失了，因为无法从有限区域的读者那里赚取足够的广告收入。社交媒体的兴起让出版商几乎失去了赚钱的机会。Facebook 在推送给你的新闻中通过投放广告来赚钱，而出版商没办法这样做。（Facebook 和谷歌等平台型公司辩称，它们将流量引到出版商的网站，从而让出版商获利，出版商也会选择在社交媒体上发布内容，因为这样会给出版商带来价值。）读者和内容来源之间的中间层越来越多，更不用说网上还有很多东西夺人眼球，来分散我们的注意力。皮尤中心（Pew Center）2020 年的一项研究发现，习惯从社交媒体获取新闻资讯的人，相比从新闻网站或电视上获取新闻资讯的人，他们对流行病或总统大选等话题的关注度更低一些，而且对这些话题的了解也更少。

对于广告商来说，他们原本只需要拨打电话，要求代理机构确保不要在色情杂志或反政府电台广播中投放广告，但现在他们只能依靠提供“品牌安全技术”的公司。这些公司部署关键词搜索和人工智能分析，将某些网站列入黑名单，服务于在线精准投放广告的经纪公司。如果技术人员认为某个页面中包含令人恶心或沮丧的内容，该经纪公司则不会在那里投放广告。

新闻业的破产和自动广告投放业务的增长，这两股力量交织在一起，催生了循环的另外一环。

一位名叫克日什托夫·弗劳瑙塞克（Krzysztof Franaszek）的计算生物学家在研究生毕业后决定将他曾用来分析埃博拉和癌症

数据的方法应用到广告技术领域。2020年，他发表了一项令人震惊的研究结果，关于品牌安全技术如何决定流向网络出版商的资金。本质上，他发现循环正在阻止资金流向新闻业。

弗劳瑙塞克写道："据估计，《经济学人》网站21%的文章、《纽约时报》网站30.3%的文章、《华尔街日报》网站43%的文章和VICE网站52.8%的文章被贴上了'品牌不安全'的标签。"[10] 弗劳瑙塞克深入研究了特定记者的个人报道，他发现涉及网络广告时，高水平的社论尤其像黑洞。《纽约时报》报道美国犯罪和监控的记者阿里·温斯顿（Ali Winston）的作品大约96%的时间都被贴上了广告投放"不安全"的标签。换句话说，温斯顿的报道不适合插入广告，对《纽约时报》来说，他的报道的价值就变低了。这种无意的算法黑名单也发生在了普利策奖入围者身上，并使当时一些最重要的新闻报道成为新闻媒体的真正输家。想想这些算法可能对一些新闻报道如杰弗里·爱泼斯坦（Jeffrey Epstein）的审判、加沙地区的暴力冲突造成什么影响。

南迪尼·贾米（Nandini Jammi）经营着一家服务于广告商的品牌安全咨询公司，他这样向我解释了这个问题："这些品牌安全技术供应商并没有真正寻找犯罪内容，而是识别了'犯罪''暴力''恐怖分子'等关键词。所以他们实际上是在屏蔽记者报道新闻时需要用到的那些词语。"这就是将我们的在线行为彻底简化成了数据，给定目标函数的高效算法一般都是如此，并且这也是商业利益最大化的做法。

它也没有考虑到媒体文化的微妙之处。正如弗劳瑙塞克所说：

“品牌安全技术似乎对某些关键词高度敏感，但无法评估出版商的背景、图像内容或错误信息。”

贾米干净利落地总结了这项利润丰厚、看起来很复杂的技术：“它的工作方式比你想象的要愚蠢。”

企业正在使用模式识别系统在爱情、工作、风险和正义方面指导我们，现在很显而易见的是，它们造成的影响远远超过了它们带来的那一点便利。这不仅仅是短期的便利，比如推荐今晚你可能会喜欢看的电影。提出这些建议的算法正在渗透到我们生活的各个角落，就连那些我们觉得太人性化而不能数字化的领域也没有避免。但事实证明，就像我们宁愿让电脑决定哪四个人被赶下飞机一样，我们也宁愿让电脑为我们决定其他各种复杂的人际和道德问题。

长期影响是什么？我们最终会不会调整自己在商店的行为，以避免被指控盗窃未遂？是否会有人无意中启动这些系统？那些一辈子都被店员过度监视的有色人种，会不会因为看起来烦躁不安，而无意间成为有色人种继续陷入的审查循环的一部分？

我们最终会把人工智能用在那些我们不想自己做的事情上，比如从道德上和法律上选择谁能获得贷款或工作，或者在电影剧本和广告的选择上进行冒险赌博。如果我们屈从于这样一种想法，即我们可以花钱让一家公司提供决策技术，这不仅让我们免于做出判断，也让我们无须对自己的偏见负责，在我们了解到这一技术之前，我们并不知道还有其他选择。电影公司不会购买未经人工智能根据过去经验判断有价值的剧本。涉及雇用员工时，企业不会违背人工智能的选择，而且从法律上讲，他们也不能这样做。抵押贷款经纪人将受制于基于机器学习技术的评估，而这反过来又将让下一个百年的不平等进一步强化。如果我们不开始制定应对这一切的策略，循环最终会让我们在生活中的方方面面都失去选择权。

那么会发生什么？到那个阶段，困扰我们的问题将不再是技术不准确，而是我们将完全习惯于依赖它，就像亚奎琳和前夫依靠 coParenter 对彼此做出艰难的决定一样。如果是这样的话，我们不仅将重新设定生活中的系统，我们还将重新设定我们自己。

第十章

关键任务

越来越少的选择

有一次，我坐在飞行模拟器里，慢慢陷入了昏迷。

“飞行模拟器”一词其实未能全面描述这台机器，但用这个词也没错。这里有软件模拟器，可以向你展示飞行过程；还有物理模拟器，可以让你在一台小型起重机上颠簸。“飞行模拟器”确实不那么贴切。这就是我的全部经历，我快要撑不住了。

我坐在一个没有窗户的白色太空舱里，太空舱的大小和战斗机内部差不多。太空舱的右侧连接着一个巨大的关节，使它可以向任何方向旋转。整个装置悬挂在一个约 100 英尺长的离心机的一端，这个离心机占据了一个飞机库大小的房间。

这个装置几乎可以让人体验到在飞机上的所有感觉，对于非飞行员来说尤为如此。窍门在于我明明在旋转，但屏幕上的图像欺骗了我的大脑，让我以为自己是沿着一条直线穿过广阔的天空。我已经通过了制造商认为的适度加速测试。屏幕图像告诉我，我正朝着想象中的太阳飞去，离心机旋转得越来越快，最终我承受了六倍的重力，足以把我的脸和身体压到座位上。这种感觉很可怕，我感到非常难受。机器轰鸣着，速度变得越来越快，我的喉结时而凸到前部，时而抵到后部。但事实证明这种沿着身体前后轴的重力是最好应对的，虽然它足以将帅气飞行员的脸扭曲成丑陋的妖怪。一旦模拟器增加了向下的重力，朝向脚部压迫身体，真正可怕的事情就发生了。

太空舱滚动了半圈时，我的脚就在离心机旋转曲线的最外侧，模仿着艰难倾斜飞行的感觉，我努力按照他们的建议做：收紧臀部肌肉，把脚踩在踏板上，所有这些都是为了保持腰部以上的血液循环。但这毫无作用。当重力达到地球重力的 3.5 倍时，我感到大脑血液无法循环了。然后我的视野边缘出现了一条黑色的隧道，很快我就看不见了。“我看不见。”我喘着粗气说。操作员在我失去知觉之前放慢了机器的速度。

我在折叠椅上躺了差不多一个小时才缓过来。我还不仅是差点昏迷；我的内耳不平衡（旋转！），以及我的眼睛在太空舱里看到的东西（水平飞行！）造成了典型的“人体内部器官沟通问题”，研究人员认为这会导致晕机现象。

但最终我还是镇静下来，和一位飞行外科医生坐下来讨论，想知道我为什么会这样。他解释说，昏迷因为是静水循环的中断，静水循环是心脏和大脑之间的血液循环，可以让你保持清醒。如果重力的向下拉力将你的血液拉到脚部，这种连接就被打破了，就会出现昏迷这种情况。

他还告诉我，他的公司向世界各地的盟军空军出售这款模拟器，这些空军经常会在一个巨大的虚拟空域中连接他们的模拟器，各方派出最好的飞行员进行空中缠斗。这就像一场高赌注的电子游戏锦标赛，有呕吐、昏迷和向全世界吹嘘的权利。

“所以？”我问道。他对我眨了眨眼，我笑着问他：“谁赢了？”

“巴林人。”他毫不犹豫地说。

这让我大吃一惊。当然，巴林是一个富裕的国家，但它的人口不到 200 万。“为什么？为什么他们这么厉害？”

“嗯，这并不是说他们真的很厉害。”他小心翼翼地说，“是因为他们，呃，个子不是很高。”他看起来很尴尬，“他们心脏与大脑之间的循环最短，所以最难被打破。相比其他队伍，他们可以承受更快的旋转。”

事实证明，决定战斗结果的系统不是武器，也不是飞机和坦克的外壳。当我们的身体以错误的方式运动时，我们往往会感觉失衡。在这些虚拟的空中缠斗比赛中，胜负（从理论上讲，保留或损失一架价值 9 000 万美元的战机）的关键在于哪个飞行员的心脏和大脑位置最接近。

前美国海军部长雷·马布斯（Ray Mabus）在谈到最新的单座单发 F-35 战斗机时曾说过“它应该是，而且几乎肯定会是海军部购买或飞行的最后一架载人攻击机”。他后来又收回了这句话，但我们可以理解他的意思。飞行员是任何飞机上最有价值的“货物”，也是飞机最大的弱点。

这就是为什么世界各地的军队都在谋求全线自动化，从武装哨兵到防空炮再到网络战。人类无法胜任这项工作。然而，这将需要技术来做出我们人类无法达成一致的决定。在这个过程中，我们正在改变自己的决策方式。军事技术正在重新设定我们对战争的态度。

正如我们所看到的，即使我们不想互相残杀，技术也已经改变了我们的习惯。如果我飞到一个新城市，需要从机场开车进城，谷歌地图为我提供了很多选择，比如这里是一条高速公路，那里是另一条，还有一条路线没有收费站。我老老实实从中选择。以前我比较抗拒这个过程，我会在没有导航的情况下寻找面包店、地标和风景。但现在我总是接受这些选择。导航系统将我们无尽的选择汇集成一道选择题，我们最终认为只有三条路可以进城。导航系统给人的感觉是它给了我们更多的选择，但事实上我们最终得到的选择变少了。

军事系统也是如此。波音公司率先推出了“任务规划”（mission planning）产品，用于军事决策，就像谷歌指导你的通勤路线一样。“任务规划”是波音公司 1975 年推出的产品，现在波音的几个竞争对手也在生产这种产品。2021 年 8 月公布的一个新的美国国防部内部项目“全球信息优势实验”（Global Information Dominance Experiment）或多或少预示着我们使用人工智能的未来。“我说的不是几分钟或几小时。我说的是几天。”北美空防司令部（NORAD）和美国北方司令部司令格伦·D. 范赫克（Glen D. VanHerck）告诉记者。这些系统具备军事规划的复杂性和紧迫性，并尽最大努力将其简化为几个选项。（范赫克将军向记者保证：“我们没有用任何机器来做决定。机器只是提供选项。”）

无论是需要空运部队进出战场，计划对设施进行导弹打击，还是部署士兵保卫城镇，该软件都会将所有开放式变量输入一个方便的菜单中。你可以从谷歌提供的列表中选择风景优美的路线。海军指挥官可以从波音公司提供的列表中选择越山飞行路线。我们将我们的选项输入一个系统，它负责分析结果，并提供一个新的菜单供我们选择。从中选择，再次分析，我们就进入了循环。

以上还只是物流问题。你确定把枪交给机器人与上述情况不是一回事吗？2013 年，在佐治亚州的本宁堡，美国陆军邀请了几家军用机器人承包商，让他们尽全力开发一个自主移动武器平台，即持枪机器人。这是美国第一次公开展示他们想要自动化致命武力的意图。在室外射击场，各种小型坦克和轮箱开到了安全线上。操作员站在安全距离处，下令所有机器人开火，向满是目标的山坡射击。

当被问及机器人武器化的道德问题时，军方发言人给出的第一个保证就是机器人到最后一刻才会开火。军方辩称，涉及决定是否使用致命武力时，不可能没有人类参与，也就是说“人类处在循环中”。但即使这是真的，当机器人持枪时，人类的角色仍然非常不同。如果军方想要的是可以被送到一个敌对的环境中，或者被派到周边巡逻的机器人，那么人类确实很晚才会进入这个循环。机器人将能够检测到异常，将其标记为威胁，并将枪口瞄准它。机器人一路高歌猛进，一定要说人类起了什么作用的话，可能就只有否决权。机器人做好了所有的道德和后勤准备，人类只能选择“开枪”或“不开枪”。

事实上，人类已经脱离了关乎生死决策的循环，因为就像人类的器官不能阻止人类不会在战斗机中晕倒一样，人类的感知和反应速度不够快，无法应对如今作战的各种情况。

雷神公司（Raytheon）推出的 SeaRAM 系统是一种反舰导弹防御系统，作为最后一道防线，击落袭来的导弹。人类在这个角色上基本上起不到作用，因为探测和撞击之间的几秒钟根本不足以咨询人类操作员，更不用说让她追踪并击落来袭的导弹了。因此，SeaRAM 使用一组自动导弹进行自卫，这些导弹可以在无人参与的情况下探测、跟踪并向来袭的导弹发起进攻。雷神公司为这个系统配了一条宣传语——“进化的舰船防御”。

在以色列，铁穹系统（Iron Dome system）已经运行了 10 年，用于拦截来自巴勒斯坦的火箭弹。早在 2014 年，我们就在手机视频中看到，该系统完成了过去不可能做到的事情。在特拉维夫上空，隐约可见两枚 Qassam 火箭弹，看起来像装了炸药的廉价管子，再安上了金属翼。一会儿工夫，它们的推进剂就会耗尽，然后就会掉到地上。它们没有指导系统，只是简单的弹道武器，从发射到撞击都沿着一条简单的曲线。它们已经接近弧顶，可能会降落在一个人口超过 300 万的城市的任何地方。

然后两道亮光照亮了屋顶，第二对导弹离开了地面。这对导弹的性能与前两种截然不同。它们向上发射，飞过附近低矮的公寓楼，在人们的视觉中留下了一个明亮的余像，似乎它们还在燃烧，一起沿着一条小路前行。它们短暂地燃烧后开始平飞，速度放缓，稍作踌躇，然后再次射向天空。突然，两枚自导导弹引爆了，每一枚导弹都引发了两次爆炸。它们不仅摧毁了自己，还摧毁了 Qassam 火箭弹。爆炸声消失了，警笛长鸣了几分钟，然后一切都安静了下来。

在上线的前 3 年里，该系统拦截了 1 200 多枚火箭弹。据以色列称，2021 年以色列和哈马斯交战的前 7 天，该系统首次公开亮相，击落了 1 000 枚火箭弹以及几架无人机。

因为通常来说，拉响红色警报时，来袭的火箭弹距离已经不足 40 英里，而且时速超过 1 500 英里，所以它们最多只在空中飞行 90 秒。任何人都不可能随时被摇醒，并在不到一分半钟的时间内及时批准系统去拦截火箭弹。这样的话，就会有太多火箭弹无法被拦截。

以色列已经开始依赖这一系统，原因显而易见。它确实比人类自己做得更好。但在此过程中，以色列也改变了人类在冲突中的角色。目前人们的共识是，起码在军事方面的某一个领域里，人类不仅无须参与，甚至还会帮倒忙。

这一观点不仅在军事领域广泛传播，而且还扩散到了全世界。例如，网络战将作战中允许的响应时间进一步缩短，从几秒缩短到几毫秒，这就需要完全授权给检测和响应网络攻击的自动化系统。事实上，整个行业都在销售自动化产品，以至于产品类别都有自己的缩写，如 SOAR，它的全称是安全编排、自动化和响应（security orchestration, automation, and response）。正如《网络安全与网络战争》（*Cybersecurity and Cyberwar*）的作者之一、新美国基金会（New America Foundation）的战略家彼得・W. 辛格（Peter W. Singer）对我所说的那样，网络攻击的另一端并没有黑客在敲击键盘。“这是软件编写的软件武器。”

从网络到无人机，再到人类冲突的各个方面，自动化正在改变战争，以及我们对战争的看法。无论军方采取何种道德立场，其态度都在改变，因为世界正在改变。辛格说，想想看，无人机驾驶员每天这个时候已经开着特斯拉、福特等品牌汽车去上班了，所有这些汽车都配有系统，在高速公路上如果离前车太近，系统就会提醒驾驶员。有些系统会让驾驶座震动，并发出哔哔声提醒你。还有的系统会直接踩下刹车并转向。辛格说：“他们就是像这样开车去军事基地的，在这个未来的世界里，当他们一走进军事基地，我们会说，‘哦，但是在军事基地里，现在是 1999 年。我们会像 1999 年那样驾驶捕食者无人机。我们不会像使用其他所有技术一样使用它们。’”自动化在它所涉及的其他领域都产生了深刻的伦理问题，“所以不要指望军队会在它所引发的深层次问题上有所不同，也不要指望它会成为你可以阻止技术变革的领域。”

当我在模拟器中想吐和快要昏迷的时候，我还在做一个关于绝密飞机的电视节目，结果我看到了一个解决飞行员晕倒问题的方案：X-47B 飞机。这架飞机由诺思罗普·格鲁曼公司在加利福尼亚州帕尔姆代尔的一个叫作 42 号军工厂的军事装备制造基地制造，那里距离洛杉矶仅隔着几座山，这架飞机是军方各部门正在测试的一代无人驾驶战斗机中的第一架。这件事情令人担忧。作为出生并长大在 20 世纪的人，我对飞机的想象就是里面一定会坐着飞行员，而就在我看到本该是驾驶舱前侧的地方是一个巨大的黑色进气口，本应是飞行员座位的地方是一大片空白铝板时，我感到十分不安。这架飞机里看不到人脸，你无法向飞机里的人挥手投降。然而，这架无人机成功地从航空母舰上起飞和降落了，这对战斗飞行员来说是最困难的事情之一。

站在烈日下，想到战争的未来，我脑海里闪过许多想法。我想到了巴林的飞行员是多么努力地训练，最终能够驾驶一架我无法开向战场的飞机。我开始思考这架新飞机是如何让我和训练有素的飞行员之间的区别变得微不足道的。我想象着这东西被炮火打得满是弹孔，颠倒地朝着沙漠的方向划出一条燃烧的痕迹。飞机里面没有人，这意味着我、巴林飞行员或其他任何人都不用经历中弹、大火和紧急救援。也许这是件好事。但我也知道，这个东西虽然制造起来很昂贵，但却是一台一次性机器。我当时并不知道，这架飞机在此成为循环的一部分。这是一个非常方便的系统，它将使战争在后勤、道德和政治上比以往任何时候都更容易。

我们将在一个更轻松的新世界中做出军事决策，未来的决策管理系统将继续分析、浓缩我们的决策，并以更容易、令我们负担更小的选择菜单的形式再次呈现给我们。我们最终会不会失去处理冲突、死亡、谋杀的清晰感觉？我们在这种自动化系统中剔除了人类弱点。但我们如何将人类道德融入其中呢？

2016 年的一个早晨，我参加了洛杉矶警察局牛顿分局的点名。牛顿县面积约为 9 平方英里[①]，总人口约 15 万人，居民分布在洛杉矶市中心以南的四个街区（包括一个公共住房项目）。警察昼夜轮

① 1 平方英里 ≈ 2.59 平方千米。

班工作，这里没有其他工作场所在清晨昏昏欲睡的氛围，即使是在黎明时分，大厅里也熙熙攘攘，一名巡逻队员将霰弹枪和对讲机递到桌子对面，大声说着下班后的计划，另一名和他换班的巡逻员则等着拿到装备后开始一天的工作。

点名开始时，值班指挥官宣布了几条例行公告，然后列举了几种犯罪，如车辆盗窃、入室盗窃和袭击事件。一个名为 PredPol 的系统预测，这些案件当天将在它们的辖区发生。

最后，值班指挥官要求房间里的警察“在 PredPol 预测的地区待一段时间”。马塞拉·加西亚（Marcela Garcia）警官坐在房间后面，身上别着贝雷塔（Beretta）手枪，穿着作战背心，她扫了一眼面前的地图，地图上建议特定时间在特定区域巡逻。然后，她在设备台上领取了一把霰弹枪和一台对讲机，带我上了她那辆黑白相间的福特车，在街区附近巡视。

PredPol 是一家营利性公司，由加州大学洛杉矶分校的考古人类学教授杰夫·布兰廷厄姆（Jeff Brantingham）创建，他用美国国防部的资金创建了一个系统，用于预测伊拉克战场伤亡。他与副局长肖恩·马林诺夫斯基（Sean Malinowski）合作，利用洛杉矶警察局的 COMPSTAT 数据，对这些算法进行了调整，从而对犯罪事件做出类似的预测。

COMPSTAT 是一个犯罪数据系统，由纽约警察局于 1995 年创建，并在世界各地使用。它将某些形式的数据标准化，完善了警务程序，曾一度受到称赞，但在一项对 1 700 多名退休警察的匿名调查中，犯罪学家发现数据被肆意篡改。“结果表明，滥用绩效管理系统、管理层对警察施加压力是篡改犯罪报告的主要原因。”[1]在 2010 年的一份报告中，纽约警察局的一名举报人指控警察将重罪降级为轻罪；还有一些案例中，警察劝阻受害者报案，以使他们的 COMPSTAT 数据好看一点。在我看来，这是循环的第一批大规模案例之一，分析职业行为的过程改变了被分析的行为，而不是变得更好。

在洛杉矶，布兰廷厄姆和一个研究团队完善了他们的预测过程，为他们的项目申请了专利，并成立了 PredPol 公司。2011 年，洛杉矶警察局成为该公司首批签约客户之一。

2019 年 10 月，加州大学洛杉矶分校 450 多名师生签署了一封信，信中写道：

> 布兰廷厄姆和他在加州大学洛杉矶分校同事的做法，是对洛杉矶警察局局长摩尔（Moore）使用预测、算法和位置等方式开展警务工作的学术背书。我们想说清楚，这项研究的现实价值和伦理并没有得到普遍认同或接受。

这封信还引发了人们对 PredPol 的担忧，即“使用历史犯罪数据将会把对黑人、棕色人种社区产生不同影响的政策和做法自然化”。

从某些指标来看，PredPol 似乎有效。洛杉矶警察局富特希尔斯（Foothills）分局的报告称，在推出 PredPol 后的头 4 个月，犯罪率下降了 13%。阿尔罕布拉警察局报告称，PredPol 推出后，入室盗窃案件减少了 32%，车辆盗窃案件减少了 20%。美国有 60 多个部门采用了这项技术，包括西雅图和亚特兰大等大城市。亚特兰大于 2013 年采用了这个系统，据报告，在部署该系统的两个街区，总犯罪率下降了 8.5% 以上。

我带着摄制组对布兰廷厄姆教授进行了采访。我问他，对于那些碰巧生活在算法预测会发生犯罪地区的无辜民众，他开发的系统是否会给他们带来严重影响。

他告诉我："预测谁会犯罪与预测犯罪最可能发生的地点和时间之间有很大的区别。"

我指出，对地点和时间的推测很容易导致警察将矛头指向个人。我对他说："想想看，如果一个十几岁的孩子，恰好住在系统预测的三所房子中的一所。他将更有可能受到警察的监视，或者更糟的是，被关进警车，即使他没有做错任何事，因为系统已经将该地确定为可能发生犯罪的地方。"

他不同意这一观点。"这里唯一使用的数据是犯罪类型、发生地点和发生时间。因此，它不关注个人，而是关注事件本身。"

"但它确实会加倍关注他们。"

"不是对人，而是地方。"

"关注他们居住的地方。"

"没错，就是他们生活的地方。"

我坐着加西亚警官的车转了一上午。我们坐在她的巡逻车破旧不堪的黑色座椅上，她开车带我穿过一片区域，在地图上可以看到这半个街区位于一个 2 500 平方英尺的广场中心，软件预测当天那个时刻可能会发生犯罪。加西亚警官告诉我，PredPol 差不多能告诉她什么时候可以放松，什么时候需要保持警惕。

她说："如果我们在这片区域看到可疑的车辆或行人违章，就会问他们是否愿意停下来，如果他们同意的话，我们就会与他们交谈，了解他们是谁，是否住在这里，以及他们在这里做什么。"

"你们觉得目标池里会有更多的人被捕吗？这是结果之一吗？"我问她。

她回答说："这是结果之一。使用目标池的这段时间，我们就看到犯罪数量减少了。"

我向布兰廷厄姆提出过的那个问题，我也问了加西亚："对于住在这个街区但没有违法的人，我们这样盯着他们，你觉得这样对他们不公平吗？你已经为这里可能发生的犯罪事件做好了准备，他们恰好住在这里，但他们什么都没做错？"

"我们不希望人们有这种感觉，至少不希望他们从我们身上收获的是这些。我们希望，因为我们常常出现在他们居住的区域，他们能够感觉更好。"这可能是因为警察出现的频率更高了之后，那个街区的一些居民会觉得更安全。但对许多人来说，尤其是在奥斯卡·格兰特（Oscar Grant）、乔治·弗洛伊德（George Floyd）、布伦娜·泰勒（Breonna Taylor）等太多人被警察枪杀后，情况不太可能如此。目标函数并不能使每个人都受益。

布兰廷厄姆教授表示，PredPol 的目的不是逮捕更多人，而是希望借助警察巡逻来改变算法预测的结果。"人们早就懂得残余威慑力的概念，如果一名警察出现在某个地点，当他们离开后，其影响仍会持续相当长时间。”相关领域大多数学术研究证实了这一点，延长刑期的威胁似乎对犯罪没有影响，但增加警力和警察巡逻形成逮捕威胁，似乎确实有威慑作用。[2]

但对警务本身的长期影响是什么？这部分我们还没有研究。像 coParenter 一样，系统负责培训，正如我们在戴维·陶这样的案例中看到的，我们不擅长对系统说不。想象一下，一名警察使用这样的系统从警察队伍中脱颖而出。如果她总想依靠一款软件告诉她什么时候该警惕，这会对她的巡逻习惯、她的本能以及大多数部门会赋予警察的宽泛的自由裁量权产生什么影响？

在 PredPol 开创了这一领域之后，Palantir、HunchLabs 和 IBM 等公司随后推出了自己的预测性警务软件包，它们都声称自己的软件包与布兰廷厄姆的一样没有种族偏见。但纽约大学法学教授巴里·弗里德曼（Barry Friedman）在 2018 年的《纽约时报》上写道：

> 警察可能会“去犯罪所在的地方”，但由于如此多的注意力集中在低级犯罪上（在其他区域这种犯罪根本不受重视），这些算法使得警察不可避免地一次又一次返回这些地方。[3]

为了验证该公司声称的无偏见警务政策，机器学习研究人员克里斯蒂安·卢姆（Kristian Lum）和威廉·艾萨克（William Isaac）根据奥克兰一年的毒品犯罪数据运行了 PredPol 的算法。卢姆和艾萨克完全基于之前的犯罪报告，记载了该系统每次将该市的某个特定区域标记为重点区域的记录。

他们得出的结果令人震惊。尽管吸毒行为在不同种族之间分布均匀，但根据 PredPol 标记的地区，黑人公民成为 PredPol 目标的可能性是白人公民的两倍。“我们发现，该模型非但没有纠正警方数据中的明显偏见，反而强化了这些偏见。”他们模拟了奥克兰使用 PredPol 的效果，假设警方会根据算法的建议采取行动，更有可能拦下人们，对他们搜身、逮捕，他们立即从中发现了循环。他们写道：“在每一个重点监测区域，我们将观察到的犯罪案件数量增加了 20%。这些额外的模拟犯罪成为数据集的一部分，数据集在随后的几天被输入 PredPol，并被纳入未来预测。我们发现，这个过程使 PredPol 算法越来越确信大部分犯罪都在目标池中。这表明了反馈循环的存在。”

但根据卢姆和艾萨克的说法，真正令人担忧的是：

> 以前，警察局长有责任做出警务方面的决策，而使用计算机来分配警察注意力则将责任从部门决策者转移到自我标榜科学的、基于证据的、种族中立的黑箱机器上。尽管预测性警务系统只是复制和放大了警察历来持有的偏见，但利用只有少数人懂得的复杂软件处理决策过程，会给有偏见的警务策略不合理的合法性。[4]

2019 年，洛杉矶警察局的各种数据程序的内部审计发现了问题。其中有一个项目，用于帮警察找出“惯犯”，该项目给出的名单中有44%的人的犯罪记录小于或等于1次。这次审计还发现PredPol数据存在出入。同年早些时候，洛杉矶警察局的监察长抱怨说，他无法确定PredPol是否真的在减少犯罪，《洛杉矶时报》发现美国多个警察局存在这个疑虑，这些警察局已经取消了PredPol续订。然后，在2020年4月，洛杉矶警察局局长摩尔宣布，受到预算限制和新冠病毒疫情影响，他不会与PredPol续签合同。事实证明，尽管人脸识别、车牌阅读器和其他形式的广泛监控正在兴起，但在COMPSTAT和PredPol的案例中，就执法部门而言，仍然对此存在一些有组织的、机构型的阻力。这可能是因为技术开始影响这些机构的选择，而且是以一种它们不喜欢的方式，因此它们才拒绝了这项技术。但使我感到欣慰的是，在这起案件中，美国各地的警察体验过循环——将他们的选择输入数据分析系统中，看到了从另一端输出的看似有用的建议，但发现这些建议并不可取之后——都拒绝了它。

如何打破循环

事实上，如果运用得当，机器学习不必强化循环。它也可以打破它。如果我们允许，模式识别系统可以识别我们自己无法识别的许多破坏性模式，并为我们纠正它们。这就是卡尼曼、桑斯坦和西博尼（Olivier Sibony）在2021年出版的《噪声》（*Noise*）一书中所说的。从理论上来说，确实如此。

尽管算法一直被出售的目的是服务于执法，但新一轮平行研究正在缓慢地应用于执法系统本身。美国西北大学的安德鲁·帕帕克里斯托斯（Andrew Papachristos）已经发现，如果一个人认识其他被枪杀的人，他被枪杀的概率会大大增加。这似乎是显而易见的，但这种网络科学揭示了社交网络是多么小和危险，因为社交网络中就包含了枪击受害者。帕帕克里斯托斯 2015 年在芝加哥进行的一项为期 6 年的研究表明，70% 的非致命枪击受害者是社交网络用户，在该市人口中占比接近 6%。[5]

帕帕克里斯托斯和他的团队并没有将这项研究成果用于寻找有枪击倾向的公民，并且加强对他们的监控，而是对警察进行了分析。2020 年对芝加哥警方在 2000—2016 年使用武力（并收到投诉）的案例进行的一项研究发现，尽管只有极少数警察向人开枪，但具体是谁扣了扳机却有明显的模式。[6] 这方面的大多数研究都着眼于最常开枪的警察的个人特征，或是完全局限在当地的人际关系网（与辖区内其他人的一对一关系，如搭档或上级）。帕帕克里斯托斯和他的合作者反而使用人际关系网络分析来梳理芝加哥广泛的专业警察网络。你可以把它想象成领英上的搜索结果：整个城市警察队伍的二度和三度人脉。

研究人员发现，向人开枪的警察通常在更广泛的人际关系网中充当社交"经纪人"。他们代表了其他两名警察之间最短、人最多的社交通路。这些警察通常换过辖区（或者经历过部门重组），也就是说他们应该在两个地方都有社交网络。研究发现，与开枪警察相关的其他因素包括"年轻、男性、加薪幅度较大，以及曾多次被公民投诉"。此外，开枪警察通常是与其他警察一起被投诉（这意味着他们不是孤狼；他们与其他警察一起做出了糟糕的选择）。种族和性别似乎并不是一个人开枪的影响因素。这不是一门完美的科学，我承认它可能会让警察的行为被那种过于简单化的数据驱动系统所塑造，这也是本书所批判的，但在关乎生死的领域，利润并不是主要考虑因素，因此我们可以考虑用这种方式塑造行为。

但像这样的人工智能驱动的改革不太可能像人工智能驱动的营销、政治信息和管理那样出现在我们的生活中。原因很简单：你并不能轻轻松松从改革中赚到钱。这种模式识别没有利润丰厚的市场，不会帮你找到销售线索或求职者。但可能有一个方面可以推动资本主义考虑这种改革。警察枪击案中诉讼的财政压力或许可以成为一种助推力。使用模式识别系统或许可以避免亏损。

路易斯维尔医务工作者布伦娜·泰勒的家人与该市达成了1 200万美元的和解协议，这是路易斯维尔有史以来最大的赔偿金额，此前该市警察在她的公寓开枪打死了她。克利夫兰市的一名白人警察杀害了一名12岁的黑人后，该市向塔米尔·赖斯（Tamir Rice）的家人支付了600万美元的赔偿金。这些和解不仅给城市的财政带来了直接损失，还可能持续地给城市带来经济损失，因为市政保险公司会收取更多的费用来应对风险。威斯康星州麦迪逊市的一名城市管理人员告诉《威斯康星州日报》（*Wisconsin State Journal*），在一系列警察枪击案让该市支付了1 300多万美元和解费用之后，该市的市政保险公司将保费和免赔额提高了42%以上。[7]如果这些保险机构了解到，像帕帕克里斯托斯开发的这样的系统可以用来发现警察培训和警官分配中导致枪击事件的模式，那么这种人工智能可能会产生一个新的市场。因为我们知道，在所有推动循环的因素中，资本主义是最关键的因素。也许法律限制为控制模式识别技术提供了最显而易见的解决方案。然而，如果我们真的能发明一种盈利的方式，将人工智能应用于正义和金钱的服务，我们就有机会控制它的走向，以及它如何影响我们。

第十一章

弱完美

弱完美系统

在人工智能的使用能够真正决定我们生活的领域，我们如何为它的应用划定一些界限？首先，我们必须认识到我们对人工智能的巨大变革潜力所做的关键假设，因为这是一个危险的假设：它可以改善我们交给它的任何东西。一直以来，这就是让人工智能融入我们生活的道德理由。诚然，人工智能从海量数据中寻找模式的能力非常强大。由此形成的预测分析使企业能够提前预判人类行为、准备融资策略，以及应对潜在危险。不过，虽然机器人在战斗机上比我们反应更快，但这并不意味着我们要让机器人扣动扳机，对于这个问题，我们还没有答案。同样地，在生活中的其他关键领域，人工智能可能会与我们的价值观背道而驰，虽然它让生活更加高效，但人类在这些领域的低效率实际上是一种隐藏的自我保护。

加州最高法院大法官马里亚诺·弗洛伦蒂诺·奎利亚尔

（Mariano Florentino Cuéllar）在 2016 年发表了一篇极具前瞻性的文章，文中指出，如果我们要为机器学习在改善人类生活方面起到的作用设定目标的话，“这些目标还必须明确我们是否为人类认知的特征赋予了价值，然后用计算机程序最终实现的情况与之对照。”[1] 虽然计算机擅长优化系统，但只有人类才能从系统中找出我们真正想要的东西。

举例来说，法律体系的效率还有很大的进步空间。卡内基国际和平基金会现任负责人奎利亚尔告诉我：“想想看抗辩的流程。你只有一次选择抗辩的机会，而且无法反悔，这有可能永远改变你的生活。”在加利福尼亚州进行抗辩是一个受到严格监管的过程。加州刑法规定，抗辩必须在公开法庭上进行，因为不能远程抗辩。如果我要选择认罪或不认罪，法庭必须给我更多的时间来考虑其影响。如果犯罪行为有可能使我被判驱逐出境、无期徒刑或其他特殊处罚，那么我也需要得到律师的建议，如警告、谈判、认可。[2] 认罪或不认罪都极其复杂。

技术能简化这一流程吗？这是毋庸置疑的。我们可能会将整个过程简化为刷刷智能手机就能完成，被告可以随意地在牢房或者等红绿灯时，单手刷手机进行抗辩。但根据奎利亚尔的说法，这将是灾难性的。“如果人们正在认罪与不认罪之间进行抉择，法律程序会故意让他们经历一个缓慢的决策系统。这会迫使他们慢慢思考。我们称之为弱完美，即这个系统仍然很难帮助他们做出更好的决定。”

每当我在思考希望如何规范模式识别算法时，我就会想到弱完美将这些系统描述为缓慢、低效、脆弱、难用的，它们会迫使我们停下来用最费脑力的系统 2 来处理。也许有时候我们应该主动选择一种艰难的方式。我们要详细写下不希望昏迷后在医院接受插管治疗。我们应该坐下来想清楚遗产如何分配给孩子们。

与此同时，人工智能正在进入某些判断系统，以便于为它们所服务的官僚机构提供便利，但我们在享受便利的同时，也正在失去对重要决策的洞察力。人工智能可以找到模式并形成预测规则，但正如我们所看到的，决策机制是隐藏在背后的。巴尔的摩大学法学教授米歇尔·吉尔曼（Michele Gilman）花了 20 年时间，代表被剥夺权利和福利的贫困人口提起诉讼。她越来越认识到，算法是她手头案件的症结所在。2020 年，她发表了一篇论文，其中给出了一份指南，介绍了目前美国的几十个领域正在部署的决策算法，从信用评分到公共福利，再到住房。吉尔曼指出，算法常常会做出一些改变人命运的决策，而且不会去询问当事人。她写道：“例如，租户筛选报告的算法造成了租房申请人无法通过审批，但申请人永远不会知道原因。”[3]

吉尔曼发现了几个日益令人担忧的不透明现象。除了西雅图和纽约市等少数比较先进的司法管辖区要求算法必须公开透明并征询公众意见之后才能应用以外，其他政府机构通常在很少或没有公众参与的情况下启动这些决策系统。她指出，尽管依照正当程序，算法开发公司需要在法庭上讲解产品，但这往往需要极力争取，因为被问及人工智能的内部机制时，这些公司通常会强迫政府客户签署保密协议，要求保护商业秘密。

事实上，仅仅因为受到指控而站在法庭上，我们就很有可能暴露在算法的监控下了。根据非营利组织媒体动员项目（Media Moblizing Project）和媒体正义组织（Media Justice）的一份报告，美国 46 个州和华盛顿哥伦比亚特区正在使用审前风险评估工具（RATs）。引入这些工具是为了消除现金保释制度固有的不平等性，因为在美国许多穷人由于交不起保释金而被困于监狱中，同时也是为了补偿法官自由裁量权中可能存在的偏见。（美国国家经济研究局做过一项影响深远的研究，发现不仅美国黑人被拦下、搜查、逮捕和严惩的比例高得出奇，而且黑人和白人法官所持有的种族偏见并无二致。）[4]

RATs 分析了人群中的变量，从而给出了关于被告在保释期间逃亡和再次犯罪风险的统计预测。变量可能包括人口统计信息，如年龄、住房和工作史；也可能包括犯罪史，如药物滥用、缺席出庭以及服刑时间。该软件为每名被告生成一个风险评分，因此法官就可以根据评分方便地评估是否在审判前释放他们，这样看来法官没有代入自己的偏见。

但正如调查和研究项目所发现的那样，RATs 本身可能存在很大的偏见，因为它将美国固有的不平等引入判决中，而且它是基于数百万个案例做出的过于宽泛的判断，这些案例可能并不适用于地方法庭和被告的具体情况。因此，就算在针对 RATs 的研究中只发现了最微小的种族偏见，学者们也对这种过于依赖软件的行为发出了严厉警告。有人曾做过一项关于犯罪学与公共政策的研究，其中写道：“人们认为风险评估可以消除人类有意识和无意识的偏见，提供一个公平的系统。”该研究发现，RATs本身不会对被告产生不公平的影响。“然而，风险评估本身不会减少监狱人数、缩小种族差异、改革刑事司法系统。”[5]

一些曾寄希望于用RATs消除刑事司法系统中偏见的人现在开始积极主张不使用RATs。早在2014年，新泽西州在考虑是否采用RATs时，来自非营利组织审前司法研究所（PJI）的背书帮助说服了立法者。但在2020年，PJI作为以提高刑事司法系统评估被告公平性为使命的组织，在一份声明中表示他们做错了，声明写道："我们了解到了民权组织、受影响人群和研究人员对审前风险评估工具的反对，但没有充分认识到问题。无论这些工具使用了什么科学技术、隶属于什么品牌、历史多久，它们采用的数据中存在着结构性种族主义和制度不平等，而这些数据会影响法院、执法政策和做法。使用这些数据会加深不平等。”[6]

如果法律体系的工作人员被大量任务淹没，就会形成一种广泛使用人工智能进行裁决的趋势，各地不再独立判断案件，而且这一情况并不仅仅局限于法律领域。如果我们把人工智能和高期望值捆绑在一个破碎的系统中，就真的会出问题。

2021年1月，新冠病毒疫情暴发10个月后，美国经济出现严重下滑并还在持续。餐馆、美发沙龙和健身房艰难运营，甚至倒闭，服务业遭到重创。美国国家消费者破产律师协会（National Association of Consumer Bankruptcy Attorneys）的负责人告诉我，美国的企业家们为了挽救自己的企业而不惜抛售任何所有物，协会成员们在为一连串的房屋和汽车抛售做准备。新年伊始，随着

1 000 多万个就业岗位消失，900 多万美国人陷入贫困。

当时人们认为美国政府应该出台一项刺激法案，发放支票来帮助有需要的美国人。但特朗普政府已将救济金的管理权交给各州，由各州失业办公室负责分配资金。在加利福尼亚州，负责这项工作的机构是就业发展部（EDD），与美国所有此类机构一样，它完全不堪重负。

2010 年，也就是上一次经济衰退中最严重的一年，EDD 的数据显示有 380 万份失业金申请。而在新冠病毒疫情影响下，失业金申请超过了 1 600 万份。截至 10 月，EDD 每月会接到 60 万通电话，这意味着人们需要等待一个工作日才能拨通电话。随后，11 月有消息称 EDD 错误地向监狱犯人发放了福利支票。联邦和州检察官发现，自疫情开始以来，已有近 4 万名囚犯申请了失业金，其中包括 133 名死囚，2 万多人获得了赔偿。该州总共向囚犯错发了 1.4 亿多美元。（有些人可能会辩称，被监禁的人也需要额外的收入来源，但 EDD 确实不应该错发数百万美元给想要非法申请失业金的人。）

EDD 的名誉受到严重影响，又没有足够的政治支持以增加人手来处理积压的工作和新的申请，于是最终决定采用风险监测系统。

2021 年 1 月的一个周日，EDD 发布了一条推文，标志着新的系统将给每个人造成困扰："为了打击欺诈行为，EDD 已暂停对认定为高风险索赔的赔付，并已通知受影响的人从本周开始验证身份才能恢复付款。未来几天 EDD 网站将提供更多详细信息。"[7]

我问 EDD 工作人员如何判定高风险索赔。他们告诉我是用现成的软件来判定的。他们写道："EDD 采用汤森路透（Thomson Reuters）欺诈标准，审查了现有的索赔，另外还引入了行业规范欺诈检测标准，对高度可疑或欺诈的索赔采取行动。为了减少未来的欺诈性赔付，EDD 已停止对风险较高的索赔进行赔付，并已告知受影响的人，我们将要求从本周晚些时候开始进行身份验证或其他资格认定，然后才能恢复付款。"

汤森路透的系统标记出了多少赔付申请？——1/7。该系统冻结了 140 多万份索赔，这意味着当加州人举步维艰的时候，他们还必须应付额外的官僚流程，以证明他们有资格每周从联邦政府领取 300 美元。这个过程充满了不适当的假设。EDD 认为在选择行动方案方面，软件优于人类。该软件假设 1/7 的加州人在某种程度上不值得立即获得援助。而且 EDD 认为软件是正确的。随着我们将越来越多的关键决策交给自动化系统，计算机能比人类做得更好的假设将成为关乎生死的问题。

也许我们高估了人工智能的能力。在循环中，我们可能只是急匆匆地评估了人工智能带来的时间和金钱效益，而且我们也不想自己去做艰难的选择。也许人工智能并不该被用于发布预测性判断，因为这会产生深层次的不平等，而一旦我们将人类系统建造于不平等之上，我们将很难解决这一问题，就像 EDD 所做的那样。我们认为人工智能可能是分析警务问题的有效方法，如果用它来评估我们生活中最丑陋的隐藏模式会如何呢？

2018 年，我在时任纽约大都会博物馆首席数字官卢瓦克·塔隆（Loic Tallon）的陪同下参观了该博物馆。当时博物馆正在对藏品进行扫描，这是一个大型项目的一部分，目的是改善线上线下游客体验。例如，大都会博物馆与微软进行了合作，开始向游客推荐他们接下来可能会想看什么，就像你在亚马逊购物时推荐算法为你找出你想要购买的下一件商品是什么一样。我和塔隆在拜占庭区域闲逛，他随口讲述了人工智能可以将藏品作为一个详细的数据集并用它来做些什么。“我们已经给 5 000 年的人类历史做了标记。”他自豪地告诉我。尽管向游客给出推荐已经很酷了，但他表示，他对博物馆能够利用机器学习来“真正研究藏品本身，让人工智能扫描几个世纪的藏品，从中找出趋势并发现一些内在东西”的可能性感到兴奋，人工智能也许可以填补艺术史上的某些空白。他指出，陶器天生就很脆弱，所以我们没有很多历史时代的代表性陶器样本。在埃及衰落和希腊国家崛起之间的时期，一个罐子和下一个已知的样本可能相隔一个多世纪。但人工智能可以分析材料、绘画、比例，并推测在两个时代之间可能有过什么样的陶器。“有朝一日当人工智能受到了足够的训练，数据集将会足够庞大和严密，到那时你真的能找到这些模式。”塔隆说。我们不会用人工智能来销售和创作艺术品。我们将用人工智能来更好地理解自己的创作冲动，我们的社会倾向于在审美和艺术创作之间建立某种联系。我们将揭开人类历史中隐藏的地形。

整个学术界都在等待这种工具，这是一种严密识别我们过去模式的方法，就像人工智能在数百万次核磁共振扫描中识别癌症一样清晰。但我们是否可以做到只将它提供给急需该工具进行人类研究的科学家，而不提供给想要利用这些研究来寻找市场和销售产品的公司？

关系距离

弗吉尼亚州的一片树林中有一条长长的、与世隔绝的碎石路，路的尽头有一对安静的夫妇正在研究最糟糕的人类行为。历史学家罗伯塔·塞内沙尔·德拉罗什（Roberta Senechal de la Roche）是位于列克星敦镇的华盛顿与李大学的教授。她是一位诗人，写过一本关于内战狙击手的书（她的祖上有过一位联邦神枪手），但她一生的事业是分析集体暴力。她主要研究造成私刑、种族暴乱和恐怖主义的群体决定，以及为什么南方私刑泛滥而罕见种族暴乱，北方情况又恰恰相反。

她的丈夫是弗吉尼亚大学社会学家唐纳德·布莱克（Donald Black），他自称自己研究的是“法律行为”，即法律如何反映人类古老的好恶倾向，以及为什么法律会重重地落在社会中最弱势的人身上。多年来我一直仰慕他们两位，因为对我来说，他们所研究的内容显得既矛盾又互补。一方面，他们致力于研究人类行为的长期模式，因为我们的社会很难看清这些模式。他们比任何人都清楚，这种“近视”会阻止我们发现科技对我们生活所造成的缓慢、稳定的影响，直到为时已晚。另一方面，他们的工作是一种学术研究，建立在无法人工处理的大量数据基础之上。如果给到他们模式识别系统，将其应用到私刑史或法律史，以及包含了大量数据的历史，这可能会改变我们对自己的理解。但人们只想用人工智能推荐眼镜架和陈年葡萄酒。没人想要花钱训练人工智能学习暴力史，因为他们认为这不可能为他们赚取数十亿美元。

布莱克的工作尤其有价值。他告诉我："我一直对部落生活方式和现代生活方式之间的对比很感兴趣，这些'对'与'错'之争"——历史上人类犯下的罪行和受到的惩罚——"它们在部落和现代世界中有什么区别？"

布莱克不是一个谦逊的人。他的理论广泛而全面。一家学术期刊出版社曾提出采访他，不过正如他告诉我的，没有人有资格质疑他的想法，最后他提交了一份自我采访。他表示，他的研究借鉴了全世界的历史，只为了得出一个适用于全人类的理论，却被一位不得志的评论家、纽约大学社会学家戴维·格林伯格（David Greenberg）称为"一种极为低效的生成理论元素的方法"。[8]

不过布莱克终其职业生涯所定义的东西中有一个理论令人印象十分深刻，如果引入人工智能来解决这个问题，将会产生极高的价值。他的理论大致是这样的：我们今天评估犯罪并给予适当惩罚的方式是古代道德准则的体现。在这些准则中，涉及权力、性别和部落身份时，有一些基本的假设和偏见。在定罪和量刑中，我们常常可以窥见这些准则。根据经验，他推断出了"关系距离"（relational distance）概念，即犯罪者和受害者同社会部落和道德中心之间的距离。犯罪者离中心越远，受害者离中心及其权力结构越近，惩罚越严重。起初，他所描述的内容似乎非常简单。例如，杀害动物受到的惩罚比杀害人类要轻得多。但随着他的研究越来越深入，他发现某些罪行几乎都会受到严厉惩罚，这揭示了社会对犯罪者和受害者价值的排序。

布莱克告诉我："我从未见过杀死妻子的丈夫被判死刑的案例。我是说，在美国的死刑历史上一定有这样的案例，但我从来没见过。你可以看到一些（死刑）案例中，一名男子杀死了两到三名家庭成员，而不仅仅是一名家庭成员，也不仅仅是一名配偶。"布莱克认为，我们惩罚杀害妻子的男人的准则揭示了一些可怕的事情，关于我们对婚姻的感受、男人的特权，以及他们对妻子的支配权。布莱克说，这也许意味着我们更看重陌生人之间的民事关系，我们可能更关心儿童生活，而不是已婚女性的生活。布莱克说："杀死一个陌生人比杀死一个亲近的人的后果要严重得多。死刑基本上是对杀死陌生人，以及多次杀人的惩罚。"

布莱克认为，法律有其自身的引力规则。法律如果从更高的社会高度落下，比如从社会地位更高的受害者落向犯罪者，那么犯罪者受到的惩罚更重。犯下危害国家罪的人受到的惩罚远远重于国家犯下危害公民罪所受到的惩罚。根据美国量刑委员会的一份报告，犯下罪行的黑人男子的刑期比犯下同样罪行的白人男子的刑期长 20%，而且这种差距只会越来越大。[9] 受害者的种族是非常关键的。美国东北大学法学院的一篇文献回顾总结道："无论肇事者的种族如何，杀害白人的人比杀害黑人的人更有可能面临死刑指控、被判处死刑并被处决。"

我四处询问了法学教授和社会学家们的意见，我了解到很多人认为布莱克常常在没有证据支持的情况下得出结论。一位社会学家告诉我："他可能是对的，但他无法证明。"

布莱克说，他对自己的工作感到沮丧，因为他觉得自己找到了一个非常有说服力的理论，但没有足够多的人关注，他也没有必要的工具来丰富这一理论。他说："人们会问'为什么会这样？为什么关系距离越远，法律惩罚就越多？'根据这个理论，我可以告诉你为什么案件会以这种方式处理。但我无法告诉你为什么可以根据案件相关人员的社会架构来预测判决结果。也许有一天会有人弄清楚原因。"他叹了口气，又说："我觉得，如果一些实验室教授能理解这一点，他们就能在事业上腾飞。"

布莱克用了人工智能可能会做到的方式，无意间创建了一个理论——他采取了一种基于模式的捷径来寻找答案，并在此基础上提出了一个具有普遍意义的理论。但现在他无法解释这个问题。他不知道如何去了解内部机制、弄清楚为什么他的理论看起来如此正确，以及人工智能还能预测什么。

在法庭上，人工智能最强大的用途可能是作为一面镜子，向我们展示数百年间数百万案件中长期存在的不平等的数学模式。如果"关系距离"这样的假设得到证实，或许这将成为向法官提出建议的依据，而不是那种将当代生活中残酷的不公平现象粉饰为公正、省时的判决，并施加给被告的系统。

这类问题可能正是人工智能需要解决的问题。一个足够了解美国刑事司法历史的强大算法，很可能会揭示出某些可预测的关联。也许人工智能识别艺术史上缺失环节的方式也可以被用来研究布莱克的理论。如果我们要盲目地相信人工智能对某件事的看法，也许它应该是关于谁没有得到正义，而不是谁应该得到正义。也许在我们用人工智能来决定今晚是否有人能出狱之前，就应该这样做了。

第十二章

高等数学

至此，本书已经为循环所显露的问题提供了一些理论性解决方案。这些看不见的问题还将存在很多年，它们完美地契合了某些人类偏见和启发法，而且符合资本主义的商业利益。我深知这是一幅黑暗画面，多年来我一直不合时宜地在晚宴中和别人讨论这个问题。但在本书的结尾，我想提出一些可行的解决方案。在本章中，我将展开介绍几个项目，这些项目被“套上”[①]了造就循环的技术和商业机制，可能会成为一个我们可以从中受益的新循环的开端。之所以用“套上”一词，是因为到目前为止，我们还允许这些力量肆意驰骋。但经过一些努力——仔细观察大脑是如何完成工作的，以及它做得不好的事情，并用类似方法观察人工智能和资本主义——我认为我们可以围绕这件事建立一些规则，打破利润导向的模式。这看起来似乎毫无希望，但纵观全局，我

① 这里作者用了双关的手法，原词是 harness，它还有为马套上挽具之意，所以后面作者又说之所以使用这一词语是因为目前还允许这些力量肆意驰骋。——译者注

们已经可以看到一些生机正在萌发。

火灾保险

北加州曾经发生过史无前例的大火，几年后各大保险公司开始彻底取消了对某些房屋的保险服务。根据它们的风险评估系统，这场赌博根本不值得。Verisk 是保险承保数据分析领域的头部企业，2020 年它对加州区域的房产进行了评估，并得出结论，15% 的房产火灾风险级别为高或者非常高。[1]

传统上，评估火灾风险采用的是一种粗放的方式：评估人口普查地区或同一区号的地区，得出大量家庭的平均风险状况。保险公司使用这种系统后，人们几乎或根本没有谈判余地，因为保险公司无法承担多次派人到每个家庭检查防火改进措施的成本。所有这一切意味着，一位房主就算已经清理了灌木丛和树木，并在家里安装了防火风口，她也仍然会被划分到和邻居一组，而邻居家里到处都是浓密易燃的灌木丛，护墙板和屋顶也并不防火，下一次森林大火的余烬飘下来时，他家很可能会着火。而保险公司别无选择，只能根据火灾风险的历史模式一刀切，统统拒保。

不过美国大都会人寿保险（Met Life）、美国农夫保险（Farmers）等几家公司已经开始悄悄地在北加州存在野火风险的社区销售更多保险。它们是如何做到的？它们从一家名为 Zesty.ai 的公司购买了技术，该公司利用机器学习找出野火多发地区给房屋造成威胁的具体因素。

Zesty.ai 的 CEO 阿蒂拉·托特（Attila Toth）表示，保险公司

目前使用的风险评估模型已经过时。“历史上遭受火灾损失最大的5个年份中，有4个发生在最近10年，但分析这类灾难的技术已有30—40年的历史。”

托特的公司将卫星图片、房地产数据库上传到机器学习系统，并开发了一套预测损失的方法。他说：“我们挑选了30个房屋相关的影响因子，比如屋顶材料。我们从航拍图像中测量悬垂的植被。我们查看最新的屋顶建筑许可证。坡度、植被、降水量、房屋朝向。”然后他的人工智能根据这些要素开发了一个预测模型，为美国大都会人寿保险提供了一个自动系统，用于具体评估单个房屋。还记得加州大学伯克利分校的研究吗？该研究认为，对抗人工智能“操演性”的方法之一是不根据历史数据进行预测。相反，研究人员写道，人工智能应该“基于执行预测方案的后果”评估预测。以上就是房主们面临的情况。

其结果是，保险不会对人们和房子的受灾风险给出绝对评价，而是激励人们采取更好的预防措施。你的保险公司可能会说，树离房子太近了。房子地界线内有茂密的灌木丛、屋顶挡水板不耐火，这是给你的估价。但如果你拿着电锯自己动手，或是请包工头来改造，降低了火灾风险，那么保险公司就会给你更优惠的报价。

托特表示，他的人工智能模型估计出只有2.5%的房产处于风险之中，而Verisk的估计结果为15%。虽然这一群体中的一小部分人可能不得不因无法购买保险而搬到其他地方生活，但他们中的很多人可以采取人工智能和检查员建议的措施来减小风险。托特说："就算房产处在火灾风险区域，但如果有防火隔离带，而且维护得很好，房子朝向没有问题，那么房子被烧毁的可能性很低。"

当然，这并不能解决困扰保险业的更大难题——风险分析和盈利运营。这不是简单的问题，不是增加人手就能解决。一般来说，如果一个行业的基础是利用数学方式将人类行为放进一个风险池，然后押注结果，这并不是在寻找例外，而是在寻找规律。它不想为每位顾客量身定制一套衣服；它是想卖一套标准化的衣服。到目前为止，在使用 Zesty.ai 产品的公司中，没有一家公司向客户提供量身定制的建议，它们给出报价或拒绝你时，你必须知道如何应对。但在一个气候发生变化、火灾越来越频发而且破坏性越来越大、人们正在竭尽全力适应的世界里，一家只使用历史数据并尽可能将最多的人纳入风险池的保险公司这样做其实是选择了风险，它的资产负债表很难好看。

目前还无法确定，企业利用 Zesty.ai 系统这类产品所做的事情能使人们生活变得更轻松。历史的弧线并没有朝着所有客户都满意的方向弯曲。许多生活在野火风险区的人无力请伐木队修剪树木。此外，一套自动化的、量身定制的"或其他"建议可能会迫使他们要么在无保险的情况下生活，冒着火灾来临时失去一切的风险，要么提前放弃房子。不过，你如何出售一套被尖端科技判定为无法抵御风险的房子？

但在这种情况下，一些前瞻性的人工智能分析或许可以帮助我们完成一些我们以前做不到的事情，比如鼓励人们在购买或建造房屋前权衡风险。如今，在美国农村和半农村地区，针对选地盖房子的监管非常少，而气候引发的灾难正在向我们逼近，也许可以采用人工智能风险评估系统提供必要的指导。在加利福尼亚州，房屋通常建在野火频发区域，如萨克拉门托－圣华金三角洲（也称加州三角洲）堤坝附近区域，或是洛杉矶的低洼海滨社区，这些社区都受到火灾、洪水和海岸风暴加剧的影响。Zesty.ai 可以将其技术应用于世界上任何容易发生灾害的地点。如果确实能做到这一点，也许我们最终会让人们远离不安全的区域。人工智能可以靠着匹配历史模式、感知情绪，甚至撰写广告文案来促进房屋销售。这就是循环的力量。不过，如果人工智能能够劝阻我们在危险的地方买房，或者确保我们不会在不知道还要另外花 1 万美元来防火的情况下签署房屋抵押贷款协议，那就是另外一回事了。

火山冒险之旅

2009 年，我在安提瓜参加了一场婚礼。安提瓜是前殖民地首都，地处危地马拉南部，这座城市布满了鹅卵石街道，周边被火山环绕。我的妻子比我更爱冒险，她说服我雇一位导游带我们登上一座火山的山顶。

酒店工作人员告诉我们，在这里观看火山最好安排好时间，在日落时分到达山顶，这样就能看到发光的熔岩。“熔岩？”我记得当时有些疑惑。第二天下午，我们在酒店外见到了导游，一个体格健壮的年轻人，他脚上穿着登山靴，开车带着我们俩和其他六位游客来到了帕卡亚火山的山脚处，这是一座近 9 000 英尺高的山。

我天生容易有高原反应，我睡得很差，而且怕黑，无法保持头脑清醒，焦虑感已经开始井喷。我瞥了一眼自己的运动鞋，想知道它们是否撑得住，我也担心自己的运动衫和短裤无法抵御那里的寒冷。我的妻子应该还好，我知道她在任何情况下都非常坚强和能干。然后，我在大家四处溜达着等待出发的时间，对我们的团队进行了盘点。有一位父亲和他十几岁的女儿看起来很热情，他们都穿着运动鞋。但有一对来自布鲁克林的新婚夫妇似乎光是站在那里就气喘吁吁，妻子穿着一字带的鞋子，袜子白得耀眼。

一开始的攀登是相当容易的，但我们到达 4 800 英尺处后，植被消失了，我们在一片稀稀拉拉的冷却熔岩中艰难前行。有一次我摔倒了，我伸出手来寻求帮助，然后我收回手的时候发现手部已经鲜血淋漓。我周围的岩石非常锋利。我们到达山顶附近的时候，那片奇怪的、锯齿状的、如月球表面一般的地面变得平整，我们突然置身于炽热的熔岩流中，看着熔岩在地上蜿蜒流动，而我的脚隔着鞋底也感受到了灼热。

那里完全是混乱无序的状态。我看到其他团的游客跨过熔岩流，而它的热量让我在十英尺外都睁不开眼。一个小男孩拿着一根伸缩杆走向一个熔岩池，棍子还没碰到熔岩就烧了起来。远处的三座山峰从我们下方的云层中探出，我可以看到另一座活火山从地平线上升起一排烟雾。当时我意识到，一切充满了不确定性，我们可以说是身处火海中一个不稳定的群岛之上，我们的立足点随时可能消失，然后陷入无法想象的痛苦。在那之前，我只是觉得有些不安，一直和妻子开着黑色玩笑，但在那一刻，我直视着她的眼睛，当时天色渐暗，风开始在我们周围呼啸，我说："这太疯狂了。我们不能待在这里。"

在我们俩的催促下，导游开始召集团队成员离开，他问我们有没有带手电筒。我们根本不知道还需要带这种东西，我无力地举起手机，手机发出了微弱的光。在那个没有月光的夜晚，手机和导游的手电筒似乎是我们在布满岩石的陡坡上寻找归路的唯一工具，在那里，跌倒意味着划伤或更糟糕的情况。

我经常对各大科技公司高管们说，他们所做的事情对一代代人类行为的长期影响让我感到忧虑。而谈到应对方案时，我经常会说能以某种方式赚钱和决定继续做这件事情之间存在区别。每当说到这里，他们就会开始偷偷翻白眼，同时大谈规模和股东责任，以及工具的积极和消极作用；而等到我提出公司应该放弃部分利益，甚至砍掉盈利板块的建议之后，他们有时真的会生气，很快就没有人理我了。

这是美国资本主义的一个基本假设，即如果有人为某项服务付费，那么这项服务就是合法的产品，而销售该产品是一项有价值的业务。这种假设认为，如果进入自由市场竞争，资本主义就会搞定一切。但实际上有一层无形的保护层为我们托底。举例来说，在旅游行业，我们会认为在美国如果有人收费带你去某个地方玩，那么和他们一起去是安全的。那天晚上，我沿着陡峭的山坡下山，刮在我光着的腿上的风越来越冷，那位蜜月旅行的妻子挣扎着想要稳住让脚不打滑，导游竭力抓住她的手臂，她的白袜子已经又脏又破。我意识到，这位导游及其同行从事的是将游客带到火山山顶的业务，这养活了他的家人，可能也养活了他的朋友和邻居，而我们根本就不该去那里。

为什么不应该去呢？因为并没有相关规则调节导游和游客之间的关系，游客愿意花钱去刺激的地方，导游很少有机会可以赚这么多钱。帕卡亚火山山顶是一个非常危险的景点，但没有人会权衡危险性和带领游客去那里赚取的收入。

事实上，就在我旅行回国 4 个月后，一位委内瑞拉游客和导游在同样路线的徒步旅行中丧生，当时岩石山坡脆弱的表面爆裂，蒸汽和火倾泻而出，炙热的岩石滚滚而来淹没了他们。一个月后火山爆发，席卷了该地区的三个城镇，火山学家称之为炸弹，半熔化的大块岩石受到撞击四处喷溅。火山爆发导致一位电视台记者和另外两人死亡。从火山爆发之后拍摄的照片中可以看到，一座教堂内部的波纹金属屋顶布满了漏勺一样的孔，孔的直径足足有一英尺。

我是在美国长大的，在这里，栏杆会保护你不会从边缘跌落，栅栏会让你和熔岩保持安全距离。但在这次徒步中，我意识到如果我和妻子是另一天去的话会发生什么。我也认识到，仅仅因为有人会带你去某个地方，并不意味着那是安全的；仅仅因为有人想要购买，并不意味着那样东西应该被出售。

在美国，法院、政府争论了一个多世纪，才制定了建筑法规和责任法，让我们走到哪儿都有栏杆和栅栏保护。现有制度并不完美，而且美国社会的危险因素还有很多，如枪支、工业污染、酒精等，因此几代公共卫生专家一直认为美国对这类危险的监管存在严重不足。尽管如此，我们仍需签署详细说明风险的弃权书才能越过安全路障，而如果景区存在疏漏或混淆，伤者依然有理由提起诉讼。我们在火山上情况是这样的：帕卡亚火山上确实按规定安装了一些小型安全网，但并不足以保护我们免受熔岩的侵袭。导游后来告诉我，我们下山时他不担心火山爆发，也不担心我们摔伤和划伤。他真正担心的是，如果天色太晚，小路上驻守的警卫——就是那些看起来很无聊、拿着猎枪和步枪的人，他们领着薪水防范盗窃——回家了，我们就很容易成为盗贼的猎物。这些系统对游客的松散保护，似乎都不是为了最大限度降低游客重伤的风险。但该系统肯定认识到了可能性更高的危险，那就是太阳一下山，我们就会被抢劫，所以付费请了六名警卫来防止这种情况发生。

三种选择

经济学家阿尔伯特·O. 赫希曼（Albert O. Hirschman）在 1970 年的著作《退出、呼吁与忠诚》（*Exit, Voice and Loyalty*）中提到，面对一个不满意的系统时现代公民所拥有的三种选择。不喜欢某些事情？赫希曼认为，你有三种选择：扭头走开，争取改进，继续忍耐。正如他所描述的，“退出”是一种经济机制，是一种高效的纠错系统，用于改善公司和市场的业绩。“呼吁”是一种政治机制，是一种更棘手的选择。在他的模型中，“忠诚”让“退出”显得充满威胁。针对“退出”的概念，他认为如果能在市场中加入一点弹性，将会非常有益：他称之为精明客户和惰性客户的混合。精明客户注意到业务存在的问题并选择退出，这将施加压力促进改进。但是，未能注意到发生了什么并持续付费的惰性客户，赋予企业足够的稳定性和资金，以实现精明客户离开时所要求的改进。他解释道：“重要的是，其他客户仍然不知道或对质量下降视若无睹：如果所有人都……坚持货比三家，那么导致的不稳定性是灾难性的，公司将失去从偶尔的失误中恢复的机会。”[2]

对于我和妻子的火山顶之旅，像我们这样的客户根本没有任何有效的方式研究这其中的风险，而我们大概率再也不会去了，这意味着我们能够呼吁的时候已经太晚了，我们在付了钱离开火山之后才知道要退出（“我再也不会这样做了”）。有些系统根本无法自我纠正。循环就是其中之一。

一个大规模部署的行为指导系统意味着绝大多数人都将是惰性的，即使是极少数精明客户也懒得反抗，没有任何退出的希望。企业客户，即购买和部署算法的客户，没有像最终用户（你和我）一样的动机来检视人工智能效率为其业务带来的直接财务影响之外的任何东西，因此我们不能依靠他们帮助我们呼吁或退出。如果模式识别软件将一整套产品安排好提供给我们，这样的效果就足以让我们满意，我们则会完全沉浸其中，而它带来的便利则安抚了我们。我们还有什么办法或动力来探索它的内在机制，或是货比三家，并组织某种形式的客户抵制？

循环不受赫希曼所谓的“恢复机制”约束，因为它创造了其他系统无法超越的财务激励。因此，它最终将成为一种技术垄断，提供人们在过去无法预测到的短期利益和便利。如果你在网上搜一道食谱，我敢打赌，在你读到想找的内容前，你会不可避免地看到一大通乱七八糟的信息，比如作者对巴西之旅的吐槽、没完没了的儿时故事。这并不是因为美食博主高傲自负。这是因为谷歌算法让简短的食谱在搜索排名中处于不利地位。如果要增加曝光度，作者要写一段长长的文字。你觉得烦不胜烦，但你还是会在网上找食谱。毕竟这是免费的。久而久之，每当你在炉火旁度过一个惬意的下午时，你总会上网搜索食谱。现在，大多数博主都会先写一篇轻松的日志，最后才附上食谱，不像以前只有少数人这样做，所以你也没办法写邮件抱怨或是弃之不看。整个生态系统就是如此。

赫希曼称之为“公共用品”（public goods）问题。人们分享共同的资源，如国防、公立教育，在这种情况下，人们如果想要“退出”这个系统，只能离群索居。循环有可能使生活的方方面面都受制于人工智能驱动的选择机制，因为我们无法反对或离开。“忠诚”可能会成为我们唯一的选择。

跳出规则

循环将诱使我们相信人工智能值得采用，因为它节省了时间和人力，人工智能的作用将在数据中一次次得到验证。Facebook的首席信息官对于公司内部审议过程有一个著名的说法，即“数据赢得了辩论”。但我认为，我们的社会应该把某些事情置于比权宜之计更重要的地位，我们不能相信人工智能会以任何可靠的方式学到我们的价值观，因为通常按照我们的价值观行事是低效的，而且成本高昂。而且坦白说，我们往往也没办法判断自己是否在做正确的事情，这就是为什么有其他方式（法院、法规、哲学）来评估我们社会所做的决定。在将生活更多地交给人工智能之前，我们应该确保我们从一开始就考虑好了自己想要成为什么样的人。

有时，我们可以用数据来表达我们的价值观。例如，美国通常依靠简单的数学来判定人类生命的价值。事实上，美国政府机构在计算法规的财务影响时，会以固定的价格 VSL（统计寿命价值）对人的生命进行定价。（美国环保署制定的价格是每人 910 万美元，而美国交通部制定的价格则接近 960 万美元。奇怪的是，其他国家的 VSL 更低，可能因为美国人更爱打官司，也可能因为美国拥有非常高的 GDP。根据新西兰交通局的数据，一名死于车祸的新西兰人的价值不到美国人的一半。）在某些情况下，我们遭受损失的严重程度可以用数字表示，因此相应的补救措施很容易量化。

但在某些情况下，损失的严重程度并不限于直接数据，还有二次损失，甚至精神损失。正如我的朋友兼制片人卡尔·拜克（Carl Byker）在我们一起拍摄纪录片时所指出的那样，我们的社会已经形成共识，如果产生了我们在情感和心理上承受不了的损失，某些补救措施是必要的。

有时，我们需要跳出我们的规则去建立一个例外，以便我们的文明能够继续受益于一些事情，尽管它们在罕见的情况下会对个体造成伤害。疫苗就是一个例子。

我先声明，我认为疫苗是人类历史上最伟大的挽救生命的发明。这不仅仅是因为我写这篇文章的时候，疫苗在世界各地与新冠病毒搏斗以挽救生命。无论是接种小儿麻痹症疫苗还是破伤风疫苗，在预防死亡和重症方面，只有净水和污水处理系统可以和疫苗相提并论。如果没有疫苗，人类的寿命将是短暂的，而且数十亿人会在痛苦中死去，接种疫苗是保护群体最好的手段，因为它不仅可以保护你的身体，还能保护你的家人、邻居和同事。当一种疫苗通过了临床试验并投入市场之后，请接种疫苗。

也就是说，很少有人接种常规疫苗后其身体受到伤害，一般来说这种情况是严重过敏反应造成的。这种情况有多罕见？据美国疾控中心（CDC）估计，对大多数疫苗来说，这个概率是百万分之一，而且接种者的大多数情况是过敏反应，即肿胀和呼吸障碍，也就是蜜蜂叮咬后引发的那种反应。这种过敏反应通常在疫苗接种后四小时内发生，这就是为什么疫苗接种机构会配备肾上腺素注射剂，它可以迅速缓解过敏反应。

但是仍然存在疫苗接种引发疾病的案例，如血小板减少性紫癜（血小板计数减少，导致瘀伤或出血失控）或吉兰－巴雷综合征（神经麻痹的一种轻症形式）。这让我们的社会陷入困境。接种常规疫苗造成的死伤人数远远少于疫苗预防的疾病所造成的死伤人数。但每年疫苗接种对极少数人造成的身体伤害确实十分严重（而且这种情况一般发生在儿童身上，这从情感上也让人难以接受），在这种情况下，传统的责任法规让任何制药公司都无法继续承担生产疫苗的风险。尽管如此，我们仍需要疫苗。疫苗每年挽救数十亿人的生命，这意味着我们必须继续生产疫苗。因此，为了让疫苗生产在法律上可行，我们建立了一个完全独立的法律体系，这是资本主义的一个突破性例外。

补偿计划

如果你作为父母，自己的孩子接种疫苗后出现了健康问题，你选择索要赔偿，那么你可以向国家疫苗伤害赔偿计划申请救济，相关案件会在美国联邦巡回上诉法院进行审理，它矗立在华盛顿特区一条绿树成荫的街道上，俯瞰着白宫广场。在那里，一位“特别管理员”将主持你的案件，听取你的证据，如果美国卫生和公共服务部的医务人员能为你的案件找到对应的类别，那么他们会立即为你和你的孩子的损失支付一笔款项。

这笔款项包括医疗和法律费用、未来工资损失、最高可达 25 万美元的伤痛赔偿，另外还有 25 万美元的死亡抚恤金（上帝保佑这不要发生）。即使对于没能成功索赔的人，他们通常也会得到一笔报销的法律费用。这是一个极其高效、全面的系统。自 1988 年以来，该计划已支付了超过 40 亿美元。这与美国商业法和侵权法的典型规则截然不同。疫苗生产商（和美国公民）为每剂使用的疫苗缴纳 75 美分税款，这笔税收是赔偿基金的来源。作为交换，疫苗生产商在相关案件中享有“无过错”的地位，不必承担制造疫苗对个体造成损害的法律责任，这样其他人都可以生活在大多数人接种了疫苗的社会中。

这一切不仅与资本主义处理其他事情的方式大相径庭，而且还反映了一种全新的观念，即儿童对我们意味着什么。社会学家维维安娜·泽利泽（Viviana Zelizer）在《给无价的孩子定价》（*Pricing The Priceless Child*）一书中指出，直到 20 世纪 30 年代，人们还是认为孩子的夭折并不是太过严重的事情。如今的孩子通常不会像过去的孩子一样工作赚钱，但与所有经济逻辑背道而驰的是，现在人们对孩子生命的珍视程度远远高于过去，而且现在针对失去孩子的赔偿也反映了这种不合逻辑但不容争辩的社会共识。也就是说，只要新的价值观足够重要，我们可以为它创造新的系统。

绕过资本主义的补偿计划为我们提供了范本，对于我们想要开创新技术形式的事情，我们可以应用这些范本。2007 年无人驾驶汽车开始在技术上可行，当时我采访了法律专家，探讨了如果事故的法律责任从人类司机转移到制造厂家身上，那么一辆汽车意味着什么。尽管与我交谈的专家们相信机器人在驾驶汽车方面必然会比人类更出色。（世界卫生组织的一项研究估计，90% 以上的事故中司机都负有责任。）

“作为一家汽车制造商，如果你研发的自动驾驶可以减少事故数量，那么你面临的诉讼会更少。”当时在斯坦福大学研究这一问题的瑞安·卡洛（Ryan Calo）告诉我。他认为汽车制造商会很乐意承担自动驾驶的法律责任，因为这样的话他们要承担的总的责任比现在要小。“如果你将事故减少 50%，谁会在乎你是否需要应对剩下的诉讼？你还是为自己节省了很多钱。”

如果我们掌握了正确的技术，事故的数量就会大大减少，也许我们应该把自动驾驶汽车看作一种预防人为错误和不良驾驶的疫苗。我们有流感疫苗接种点。也许我们还需要为机器人汽车和其他形式的人工智能技术建一个疫苗点。

倒车摄像头

然而，也有一些例子表明，除了数据上的考虑之外，我们还是要为社会开发新的系统，因为一想到没有这些系统的生活，就会感到很可怕，让人在情感上不能接受。

2002 年 10 月，一位名叫斯科特·古尔布兰森（Scott Gulbransen）的医生（他也是一位父亲），每天晚上回家时都会像我一样把车倒到车道上，以确保第二天早上他把车开到路上时能尽可能清楚地看到附近的孩子。但他倒车时没有看到儿子卡梅伦（Cameron）在车后，意外撞死了儿子。我在用我能想到的最冷静的语言叙述这件事，因为坦率地说，这触及了我身为父母最深的恐惧，我不忍心再细说了。显然，古尔布兰森的故事也引发了议员们的担忧，因为 2007 年国会通过了《卡梅伦·古尔布兰森儿童交通安全法》（Cameron Gulbransen Kids Transportation Safety Act），该法案要求联邦公路官员制定一项关于汽车设计的规则，以更好地保护卡梅伦这样的儿童。

这可能是因为人们日益认识到，任何人都有可能犯与斯科特·古尔布兰森一样的可怕错误。在 2014 年美国高速公路安全保险协会的一项测试中，111 名志愿者每人拿到了一把全新雪佛兰探界者（Chevy Equinox）的钥匙，并被告知要在停车时玩车载信息娱乐系统。然后，他们应要求把测试用车倒出来，开到他们自己的车那里。在他们玩娱乐系统期间，一个像小孩那么高的泡沫假人被放在后保险杠后面，就好像一个蹒跚学步的孩子走上了车道，而他们对此毫不知情。111 名志愿者在倒车时全都撞上了假人，等到他们发现为时已晚。

消费者权益团体花了十多年的时间，还打了一场官司，才最终迎来了一项新的规定。截至 2018 年，在美国销售的任何重量小于 1 万磅[①] 的新车，根据法律规定，必须安装倒车摄像头。我们发现了一件可怕的事情，了解到人类天生就不善于避免它，所以我们觉得不能仅仅将其归咎于个人。我们认识到一个社会性的问题。也许最重要的是，我们没有让数据赢得辩论。甚至正好相反，数据掩盖了这个问题。

其原因是，因为倒车摄像头的存在而免于死亡的人数相对较少。美国国家公路交通安全管理局 2010 年的一项研究发现，当时倒车事故平均每年造成 292 人死亡和 1.8 万人受伤，而新技术的应用将死亡人数减少约 95 人，受伤人数减少约 7 000 人。2018 年，倒车摄像头成为强制安装项目，那一年美国售出了 1 700 多万辆汽车和轻型卡车。每辆车都带有一台相机，每个买家都支付了一点额外费用，以将死亡人数降低到 100 人以下。我们的社会认为 100 个孩子被父母碾压身亡是不可接受的，我们应该采取措施减少这个数字，尽管这个数字本身很小。我们的情感——为人父母的感受、对年轻生命的珍视、意识到每个人都可能犯下碾压孩子的错误——赢得了辩论。

---

① 1 磅 ≈ 0.453 6 公斤。

另一方面，情感有时会以其他方式凌驾于数据之上。在倒车摄像头成为强制性项目的同一年，美国有近 4 万人死于涉枪事件，其中大多数人（61%）是自杀。那年的大规模枪击案是 323 起，创下了纪录，其中包括发生在佛罗里达州帕克兰市一所高中的枪击案，这起案件造成 17 名学生死亡。那一年并没有任何实质性的联邦立法改变普通枪支的制造方式、枪支销售的监管方式，之后也没有。

但有时我们做出了正确的选择。卡梅伦父母的经历如此可怕，他们想要解决的问题如此简单，谁会不为之动容呢？斯科特·古尔布兰森后来写道："卡梅伦突然惨死是因为他太小了，我看不到他在我的车后面。"我在这里想要说的是，人工智能用作决策依据的数据，并不总能反映我们是谁，以及我们想成为什么样的人。我们不能因为导游能带我们去火山顶，就总往那儿跑。我们不应该毫无顾虑地将有利可图的技术部署在彼此身上，而我们明知这些技术在我们还不知道是什么的时候会产生广泛的影响。我们的社会有能力根据比数据更柔软、更复杂、更重要的东西做出选择和制定规则，这些东西我们能感觉到，但却无法看清，这是一些触及我们共同的人类情感的东西，是我们思想中无法估量但确实存在的暗物质。

如果我们要保持做出这些人性化选择的能力，我们就必须将循环无法量化但确实存在的影响纳入某种监管框架。这是享受人工智能带来的好处而不失去人类主观能动性的唯一途径。

我们必须更新法律框架，使其能覆盖数据和情感之间的灰色地带（人工智能将越来越多地利用的启发法和偏见），并认识到，虽然我们感受到的影响在一般的财务审计中没有表现出来，但它们仍然存在，而且具有巨大的影响力。

汉德法则

在美国，曾经有一段时间，如果企业业务的次级影响超出了它们的控制范围，而且作为内部事务不必接受调查时，公司会围绕应该采取的必要预防措施来制定自己的规则。但如果造成了一定程度的损害，法律最终会介入进来。

纽约港，也就是西村区靠近哈德逊河的地方，曾经泊着一片乱七八糟的驳船。（沿河主干道是第十大道，它被称为“死亡大道”，因为纽约中央铁路公司的火车在人行横道上呼啸着来回穿行，尽管雇了人骑着马挥舞红旗以提醒行人有火车驶入，但截至 20 世纪 20 年代初，已有数百名纽约人死于车轮下。）1944 年 1 月的一个寒冷早晨，卡罗尔（Carroll）拖船正在打捞一艘停泊在 52 号码头的驳船。驳船作业本身就很危险，而且并没有既定的处理方式，这进一步加剧了风险。卡罗尔拖船快开到 52 号码头时，船长发现一个停泊位被一条连接码头和一排六艘驳船的绳子挡住了，于是他派了一名港务长和一名水手来清理障碍。

两人冒着严寒检查了紧固件，然后解开了挡在卡罗尔拖船前面的绳索。突然间，六艘长度超过 190 英尺的驳船与码头脱锚，开始向南漂移。卡罗尔拖船和另一艘拖船试图营救它们，但其中一艘名为 Anna C 号的驳船被附近油轮的螺旋桨刺穿，这艘满载着美国政府的面粉的船沉没了。当时，距离诺曼底登陆日还有三个月，战事甚至无法承受 1 500 吨面粉的损失，更别说一整艘驳船的面粉了。于是美国政府提起了诉讼，三年后的 1947 年 1 月，所有涉案人员都在美国联邦第二巡回上诉法院等待法官勒尼德·汉德（Learned Hand）的裁决。

汉德法官说，他一直在努力确定，Anna C 号等驳船的主人是否有责任留人在船上，这样如果船漂走时，他们便可以采取措施。他想到了一个百年前的案例，一艘无人的纵帆船脱锚漂走并击沉了另一艘船。在另一个案例中，一群男孩为了寻求刺激，在布鲁克林附近海域解开了一艘动力船的缆绳，于是这艘船撞到了另一艘船，汉德法官注意到，该案例中动力船的主人因为船上无人值守而免于责任。他想要弄清楚，如果一家公司无意中让什么东西漂到了公共水域，这家公司是否应该为没有做好预防措施而负责。他写道："一般性的法律条款中并没有规定，如果驳船的系泊绳索滑落，而且驳船船长或其他工作人员不在船上，那么驳船的主人是否需要对驳船给其他船只造成的损害负责。"于是他想出了一个办法，也就是今天的汉德法则（Hand Rule）。

他是这样为该法则下定义的。

因为每艘船都有从系泊处脱锚的可能，如果这种情况发生了，这艘船就会对周围事物构成威胁；与其他类似情况一样，船主人的责任是预防由此造成的损害，这是三个变量的函数：（1）驳船发生意外的概率；（2）意外发生的话所造成的损失；（3）采取充分预防措施所带来的负担。用代数术语表述它可以让这个概念更直观：如果概率是 P，损失是 L，负担是 B，那么是否承担责任取决于是否 $B < PL$，而当 $B > PL$ 时，则否。[3]

汉德法官提出了一个关于人类价值观的模糊问题的数学公式。如果我建造了一个东西，我是否必须采取一切可能的预防措施来防止它可能造成的损害？不，汉德法官说道。当你采取的预防措施成本低于没有这个措施的情况下他人可能承受的损失时（$B < PL$），你才应该这样做。

在美国政府诉卡罗尔拖轮公司案中，汉德法官发现，Anna C 号的公司雇人白天上船看管的费用低于无人看管驳船对可能其他人造成的损失和风险。如今，美国海岸警卫队规定公司必须为驳船配备船舶安全员，他们基本上得一直待在船上，按照船舶安全计划（Vessel Security Plan）行事，并与设施安全员和船舶公司安全员等保持联系。人们不再需要猜测哪条绳子连着什么，繁忙的纽约港去年运输了价值 8.4 万亿美元的货物。

几十年来，对于使用汉德法则测算成本效益责任，法律学者们一直争论不休。法官理查德·波斯纳（Richard Posner）在其基础上创立了一套完整的“过失计算”（calculus of negligence）理论，而艾伦·费尔德曼（Allan Feldman）和金正贤（Jeonghyun Kim）等学者已经证明，汉德法则可能产生与汉德法官预期相反的效果。其他人，如彼得·格罗斯曼（Peter Grossman）认为，汉德法则取决于许多法院无从获取的信息，因此，“在许多情况下，当事人无法事先（基于预测而非结果）以成本效益的方式确定规避责任 / 损害的措施应该做到什么程度”。[4]

尽管如此，对于我们这些试图厘清决策技术公司的责任，以防范危险的操纵、原始本能放大、人类主观能动性丧失的人来说，汉德法则是一个好的起点。

汉德法则探讨了对人类行为的有意操纵，以及善意企业无法预料的次级影响。如果一家公司基于模式识别软件开发了一个产品，结果发现它已经脱离了束缚，并比预期的更深入渗透到我们的生活，那么就必须有一种方法可以回头看公司应该采取的预防措施。我们的选择有其价值，并不是唾手可得的一次性商品。人类主观能动性是有限的，也是脆弱的。一旦我们失去了它，它会让我们付出经济和情感上的代价。

法院已经慢慢开始认识到，塑造我们决策的技术正在对我们的生活产生真正的影响，在公式 B > PL 中，我们所有人蒙受损失的概率和严重程度可能远远超过科技公司采取必要预防措施的成本。

赌场游戏

凯瑟琳·威尔金森的律师杰伊·埃德尔森（Jay Edelson）代表凯瑟琳参加了针对社交赌场公司 DoubleDown 的集体诉讼，我问他是否很难向法官和陪审团证明威尔金森和其他成千上万的数码成瘾者受到了真正的伤害，他发出了叹息。

2015 年，他在马里兰州的一个地方法院首次提出了这种论点。他代表另一名女士提起诉讼，这位女士在帕洛阿尔托的一家名为“机器区域”（我没开玩笑，确实叫这个名字）的公司制作的游戏上花费了超出自己承受能力的费用。（成瘾专家娜塔莎·道·舒尔曾用机器区域来形容老虎机成瘾后产生的恍惚状态。）埃德尔森败诉，法院驳回了此案，给出了以下观点。

> 从表面上看，原告指控被告在一个电子游戏创造的虚拟世界中，错误地、非法地践踏了她真实的重要权益。但如果深入探究就会发现，这一堆杂乱空洞的主张中并没有包含对真实世界损失和伤害的指控。虽然她在游戏的运行和结果中感知到不公平，但没有形成真实世界的损失、危害或伤害，那么就无法让真实世界的法院做出私力救济金裁决。[5]

埃德尔森说："很多法院直接不予受理。"人们的花费确实超出了他们的承受能力。但在自由市场中，这并不能算作一种损失。这只是因为人们在经济上疏忽大意。这是客户的问题，而不是社会的问题。不过，引用威尔金森的故事有助于埃德尔森证明其中有新的东西在起作用，这是一种模式识别系统，它可以筛选出从人口统计学角度和网络行为来看特别容易沉迷游戏的人，一旦他们上钩，它就会尽一切可能留住他们。他指出，几家社交赌场公司使用的策略是指派"VIP 主持人"来维护和玩家的关系，让他们一直光顾。"你的几个客户损失了数十万美元，他们对这些赌场说，'我上瘾了，放过我吧。'然后他们有一个专门的礼宾员，在他们生日时给他送花，并说，'我们做些什么能让您重返游戏？'这些是我们将要在陪审团面前讲述的故事。我们非常有信心这些故事会引起共鸣。一旦我们将这些案件提交给陪审团，赌场就会陷入很多麻烦。”

情况确实如此，埃德尔森已经开始获胜。在一起针对《大鱼赌场》（*Big Fish Casino*）游戏的案件中，他的客户获得了1.55亿美元的和解金。而对于威尔金森和其他原告，他相信自己会再次获胜。他还表示，他将对苹果、谷歌和Facebook提起新的诉讼，因为它们将可能上瘾的人群引流到社交赌场。

为什么？因为游戏厂商就是利用这些平台寻找最佳客户的。最成功的社交赌场游戏厂商在Facebook上发布广告，并提供可在任何智能手机上玩的游戏。根据Facebook的数据，Facebook平台上12款最卖座的游戏中有11款是赌场游戏。[6] 2016年，Facebook向威尔金森投放了一个广告，她首次接触到了*DoubleDown Casino*游戏，这是Facebook第三卖座的游戏。

根据DoubleDown公司2020年上市前的F-1表格，2019年，这家总部位于韩国的公司每月吸引近290万名玩家，当年收入超过2.5亿美元，净收入超过3 600万美元。DoubleDown的文档还介绍了它的系统如何从玩家那里赚到尽可能多的钱。

> 我们采用严格的、数据驱动的方法来管理玩家的生命周期，从用户获取到持续参与，再到变现。我们使用内部开发的分析工具对玩家进行细分和定位，高效使用分配给各个渠道的获客成本。一旦获取了用户，我们的

专有分析工具将精细分析他们的游戏行为。我们对玩家有深刻的理解，这让我们可以定制游戏机制、功能，以提升游戏的可玩性和玩家参与局数。玩家参与度的提高会产生飞轮效应（flywheel effect），这将进一步提高我们的数据分析质量，以及用定制游戏元素留住玩家的能力。随着玩家在生命周期中的发展，我们还会使用数据分析功能推动变现。我们会战略性地投放个性化特别优惠，并调整游戏玩法，以促进玩家消费。[7]

Facebook 公开宣称自己有能力帮助 DoubleDown 等社交赌场公司找到最容易在游戏上花钱的人。Facebook 面向潜在广告客户的推广网站上有一个案例，标榜自己让一家名为 PartyCasino 的公司的 App 下载量增加了 14%，获客成本降低了 4 倍。在 2014 年的一次游戏大会上，时任 Facebook 欧洲、中东和非洲业务主管，现任 Facebook 商业软件部门副总裁的朱利安·科多尼奥（Julien Codoriou）向一位采访者介绍了 Facebook 的类似受众营销产品，这个产品可以在 Facebook 用户中找到与游戏公司现有客户有类似兴趣的人，“对游戏公司来说这是一款非常好的产品，因为它可以瞄准 Facebook 用户或只使用手机的用户，或者**只瞄准“鲸鱼”**或它想要重新激活的客户……这是我们的商业模式。”（重点是我划的。）科多尼奥的话透露出 Facebook 非常了解这个事实：有些人的付费意愿远远超过一般人。这些人是“鲸鱼”，平台帮助游戏公司找到他们。Facebook 和谷歌都从这些公司获得广告收入。苹果公司的政策则是从DoubleDown、Big Fish或其他任何一家年收入超过100万美元的社交赌场公司的App内购买收入中抽取30%。

正如它们的发言人向我指出的那样，所有这些平台都对现实世界的赌博或在数字游戏上投注真金白银有严格的规定。但法律并没有将社交赌场App视为赌博，这些赌场游戏公司也没有。（这些公司中没有一家会同意就此问题接受公开采访，DoubleDown没有回应多个采访请求。Big Fish在一份声明中写道，它们的游戏是免费的，只是娱乐，不是赌博。）然而，这个系统会伤害人，平台对这一切负有主要责任。如果没有Facebook、苹果或谷歌等平台提供的数据，循环就无法获得其运转所需的内容。有了这些数据，行为、分析、筛减选择和上瘾的循环会转得越来越快。

游戏厂商和引流客户的平台形成了一个庞大的产业，它们旨在挖掘我们的无意识冲动，并从中赚取利润。这个行业已经非常深入和成熟，这意味着我们作为个人不能指望靠自己来对抗它的影响。“我经常听到立法者和公众说，‘这些人是不是高中没学过统计课和概率课？我们需要教他们概率机制’。”机器赌博专家娜塔莎·道·舒尔说：“人们并不是真的想赢。他们只是发现这种游戏是一种非常有效的工具，可以改变他们的内在情绪。你会深深沉迷于这种感受，而不是想要赢钱。”她认为，我们中的任何人都可能陷入其中。

那么我们该怎么办呢？舒尔和埃德尔森都表示，我们需要停止评估“现实世界”的损失，而是要开始评估我们的决策受到的影响。她说：“真正值得评估的是玩家花费的时间、付费继续游戏的选择，而不是赌博或套现。就法律而言，我认为目前还没有合适的分类来评估 Candy Crush、老虎机和 Big Fish 对人造成的伤害。”

我们该怎么做？我们能给软性的人类选择赋予货币价值吗？正如法官在支持机器区域的判决书中所写的那样，我们如何让自己的诉求不再只是“杂乱空洞的主张”？

幸运的是，我们不必开发一个系统来分析我们决策的价值。Facebook 和其他许多公司已经做到了这一点。

在早期互联网时代，广告的销售方式与电视、杂志相同。广告价格的计算单位是每千人成本（cost per thousand，简称 CPM）。它指的是电视节目或《体育画报》的出版商可以确保看到广告的人数，而你为广告支付的钱只能保证你有机会使它出现在固定数量的人眼前。

然而，Facebook 发明了一种全新的计算标准，即“每行动成本”（cost per action），以及一个全新的行业，即绩效营销。

Facebook 不是保证你的广告会被一定数量的人看到，而是会问你希望广告能达到什么效果。你想让人们购买胸罩？订阅简讯？加入群组？你会根据多少人去做了你想让他们做的事情来支付费用？ Facebook 不会根据广告的观看次数来收费。而是根据客户的实际行动收费。Facebook 可以为广告客户达成目标而不仅仅是提供曝光机会，并对此深感骄傲。2018 年，一位高级管理人员告诉我，Facebook 大部分广告合同都是以这样的模式拟定的。

当然，这是规模的函数。如果 20 亿人平均每天至少花一个小时在你的平台上，你就可以充分了解他们，为客户找出可能想要购买奶酪刀或订阅比特币相关信息的人。

但它也是模式识别函数，并给这些模式定价。如果我们想了解一个潜在赌徒对社交赌场游戏公司的价值，我们只需要知道每次客户下载 App 时，Facebook 向社交赌场公司收取多少费用。

2015 年，在对埃德尔森的当事人做出的判决中，法官写道，虽然他裁决原告应该获得赔偿，他也将处于“左右为难的境地，因为要给虚拟的黄金和筹码定价”。他接着写道：“这种异想天开的事业可能会激发孩子和狂热游戏爱好者的想象力，但它无法在联邦法庭上占有一席之地。”但事实是，机器区域就像社交赌场公司 Playtika、DoubleDown 和 Big Fish 一样，知道我们的时间到底值多少钱。它们每时每刻都在为时间定价。如果我们想在这些案例中找到填入汉德法则公式的数字，即一个玩家赔掉她无法负担的钱的概率和严重性，数字就在那里。

人类的终极弱点

如果我们要对循环采取适当的预防措施，我们就必须考虑到人类的终极弱点，那就是我们无法评估未来风险和回报，尤其是发生在遥远未来的事情。

恩里科·费米（Enrico Fermi）是原子时代的开创者之一，1945 年他在洛斯阿拉莫斯国家实验室完成了战时工作，但此后每年他都会在那里呆上几周参与各种项目。比如曾有一段时间，他致力于研究两种液体之间的边界会发生什么。但到 1950 年，他又重新从事武器研究，在苏联引爆了裂变武器后的第二年，他设计了氢弹。

那年夏天，他加入了一个四人午餐小团体，四位科学家坐在餐盘前热烈讨论避世话题。有一次，他们讨论了整个宇宙中的行星数量，其中几个人还记得费米问了一个根本性问题："外星人在哪里？"

由此，他开创了梦幻般的天体物理学领域。众所周知，费米悖论是这样一种观点，即天空中有那么多恒星，代表着那么多潜在的孕育生命的能量，那么宇宙中一定还有生命存在。据估计，宇宙中有 2 000 亿个星系，那么保守估计，行星的数量可能超过 7 万亿亿甚至更多。1961 年，天体物理学家弗兰克·德雷克（Frank Drake）估计，仅银河系就有 1 000 到 1 亿颗行星可能拥有某种文明。德雷克接着创立了 SETI（寻找外星智能）项目，这是地球上第一个寻找外星生命的非政府项目。正如 2019 年罗彻斯特大学的一篇论文所描述的："如果技术先进的外星文明很普遍，那么我们应该已经直接或间接地获得了它们存在的证据。"[8] 那么外星人在哪里？

1973 年，麻省理工学院天文学家约翰·艾伦·鲍尔（John Allen Ball）提出，也许外星文明在故意拖延，因为它们觉得人类还很幼稚。卡尔·萨根猜测，外星人的思维是否太慢或是太快，让我们无法察觉。一些论文认为，每一种文明都必然会经历一次"大过滤"，比如在气候变化或一场瘟疫中毁灭或幸存，而我们是周边唯一得以幸存的。但我最喜欢的解释是 1961 年德国天文学家塞巴斯蒂安·冯·霍纳（Sebastian von Hoerner）首次提出的观念。他做了一些简单的数学计算，然后得出了结论：文明一般不会持续6 500年以上，而这样的文明可能相隔1 000光年。这是冯·霍纳在“冷战”最激烈的时候写下的，当时人人都在担心核毁灭的威胁，他的理论更多的是关于他所认为的任何文明可能具有的自我毁灭性，而不是一个文明与下一个文明之间的时间和距离。但他的想法有助于开启一种看待悖论的新方式。

也许问题不是“外星人在哪里”，而是“外星人什么时候出现”。因为在浩瀚的空间和漫长的时间里，我们就像划着的火柴，是黑暗中最短暂的闪光。在地球45亿年的生命中，人类物种的各种形式只存在了短暂的一瞬。谁能说在我们之前已经划亮了多少火柴，等我们走了以后，还会有多少火柴被划亮呢？也许在人类出现之前，其他世界的物种就已经像人类一样爬上岸并发展出文明，数十亿年后消失在了尘埃中，而人类在地球上消失几十亿年之后，同样的轨迹可能会在其他地方重演。如果在浩瀚的宇宙中，两支火柴同时划亮，那将是一个令人难以置信的巧合。正如天体生物学家凯莱布·沙夫（Caleb Scharf）2014年在《科学美国人》（*Scientific American*）杂志上所写的那样：“从真正宏大的层面来看，一个有自我意识的科技物种的存在总是转瞬即逝的，是分子进化的混沌中探出来的一缕烟尘，最终都会不可避免地消失在尘土中或是面临文明的消逝。”[9]

我们生来就认为，发生在自己眼前和身上的事情是最重要、对我们影响最大的，而事实上，塑造人类物种的可能是很久以前发生的事件，也可能是很久以后发生的事件。这就是为什么瘟疫和气候变化等对人类来说如此危险。如果我们没有亲身经历过涨潮，也没有因为感染病毒躺在床上呼吸困难，我们就无法利用我们最高效的思维系统来避开危险。但是等到海浪冲击我们的房子或者我们已经用上呼吸机的时候，一切都来不及了。我们不擅长理解时间跨度太长的抽象概念，也无法超越自己的生命周期，正是这一点使得循环成为可能。如果有一天，没有人工智能的建议，我们无法与同事对话；如果音乐只是根据我们以前选择的模式创作的；如果整个行业都在无休止地对不断减少的人类选择进行采样，那就太晚了。这是整个人类物种面临的问题。这将影响我们所有人。我们现在必须落实一些指导方针。

如果我们对于循环能做什么和不能做什么有集中监管和清晰认识，我们可能会一直使用循环，而不是任其从有利可图的群体中获利。我们也许可以使用决策技术来弥补自己的缺点，让循环旋转起来，增加我们的选择，而不是放大我们不爱动脑筋的缺点，从而减少我们的选择。

我们已经看到循环在家庭保险等产品的应用上取得了很好的效果，同时也有其他案例让我们对此感到乐观。也许它所采用的系统形式，迫使我们了解选举问题，并让想要获得我们选票的人也不得不关心这些问题。Pol.is 是一个分析网民意见模式的简单平台，它可以更好地告知当选官员选民真正想要什么。Pol.is 给出了一个提议清单，并要求受访者对每个提议的感受进行排名。然后它分析了一系列情绪，并将一份类似白皮书的文件提交给政府官员。科林·梅吉尔（Colin Megill）告诉我他创造了 Pol.is，因为他不想看到人们出现在市政厅，花几个小时了解一个问题，然后就此离开。正如他告诉我的那样："如果人们使用了这样的东西，就永远不会发生英国脱欧这样的事情，因为选民真正想要的东西一目了然。议会没有机会歪曲民意。"

也许人工智能最初只应该应用于公共问题。Green River AI 是极少数仅限公共卫生和社会正义领域使用其机器学习技术的公司之一。但迈克尔·纳普（Michael Knapp）告诉我，自从他在 2000 年创立这家公司以来，他发现，如果没有人性贪婪的内在推动力，人工智能就不会被部署到需要的地方。"令我感到沮丧的是，我可以从孩子的出生证明中分辨出孩子可能铅中毒；我也可以开发一个社会服务系统，提前三年告知家长，然后解决问题。但只有等到孩子余生都被毁掉了的时候，社会服务系统才会允许我这么做。"我问纳普是否担心决策技术和人工智能会毁掉人类的选择时，他笑了，并告诉我他希望自己有这个问题。在他的世界里，人工智能为积极的变革提供了一个尚未开发的巨大机会，但非营利组织、城市政府和社会服务机构没有资源利用这些机会，而与此同时，像 Facebook 这样的公司已经运营着学术风格的人工智能实验室。纳普说："这就是为什么我们对这项技术如此热衷。它在黑暗面上得到了有效的利用。在另一面却没有。"

但目前更大的问题是，我们是否会让那些能从中最快获利的机构减少对我们使用人工智能，或者决策机构中是否存在一些我们想要维护甚至改进的棘手但重要的问题。我们的个人和社会模式会尽可能地将我们的主观能动性让渡给我们意识之外的机制，让我们依赖自己的假设、周围的环境和同侪的做法做出判断。我们将精神能量蓄积起来，就算我们并不需要这么做，甚至不应该这么做。正如许多研究系统 1 和系统 2、偏见和情绪导向决策的研究人员所发现的那样，我们天生就不爱思考。这就是循环得以启动的原因，我们正濒临将整个生活交给一种看不见的、无法察觉的、不可抗拒的本能，将艰难但至关重要的选择交给自动化系统。从几十年的科学研究中，我们知道，我们能够对生活做出有意识的选择，认清自身的脆弱性，从而让自己变得更好。从几百年的努力中，我们知道，我们可以建立制度，帮助我们改变原始的缺点。现在，我们必须学会如何抵制便利和利益的诱惑，延续人类本性中最美好的一面。

致谢

在未来的某一天，如果我想象中的未来世界真的到来了，那么一个作家只需要对着一个软件口述一些想法，软件就会给她写一本完整的书。科技带来的便利性不会就此止步。一个作者还可以选择让软件、某个包罗万象的平台（她什么事情都在这里做）来查看她的通信记录、通讯录，自动向其发现的所有帮助她提高思考能力的人表示衷心的感谢。我发现自己此刻很希望有这样一个系统为我汇总一长串帮助我完成这本书的人，因为我害怕漏掉任何一个人。如果不慎有所遗漏，请您无论如何接受我的感谢。

首先，我要感谢多年来数百位与我私下分享过他们工作内容的人，特别是跨国公司的朋友。曾经，记者和大公司的消息人士需要大费周章才能找到彼此，而现在变得容易了，我可以在瞬间联系到世界上任何国家的人。但一般科技公司的标准信息压制策略是对未经许可向媒体发表言论的员工的职业生涯进行威胁。此外，他们还会积极向员工灌输为什么他们的工作是正确的（他们在某种程度上认为应该禁止员工与外人谈论工作内容），这让我很难找到愿意和我分享的人，而他们对我来说很重要。我认为，那些公司决定了未来，它们不愿意分享工作的内容，等到公众能够有所行动时已经为时已晚。冒着如此大的风险与媒体对话的员工有助于重新平衡这种极不平衡的机制。我非常感谢赋予我这一责任的人。

这本书之所以能顺利写完，是因为许多朋友和同事这些年来一直听我说起对人性和技术的担忧，并帮助我将所有的深切盼望和深深焦虑塑造成一种令人信服的理论。2015 年，我和制片人兼导演卡尔·拜克在一个墓地里走了很长一段路，开始了一段友谊，这段友谊带我走遍了全世界，让我了解了我们生活中无意识遵守的古老导航系统。他的洞察力、耐心和不懈的热情为我树立了榜样，帮助我度过了写作中的阵痛期。我也非常感谢制片人凯特·麦克马洪（Kate McMahon），她让我了解到世界上一些最具影响力的行为科学家。

斯坦福大学行为科学高级研究中心与伯格鲁恩研究所给予我一年的基金来撰写本书。我感谢该中心的主任、政治学家玛格丽特·利维（Margaret Levi）对我的信任，也感谢其他研究员体贴又慷慨地花费时间与我分享专业知识。作家、企业家蒂姆·奥赖利（Tim O'Reilly）首次建议我申请 CASBS（斯坦福大学行为科学高级研究中心）基金，他对我的研究内容给予了热情慷慨的帮助，也让我有了写书的想法。

我至今仍对自己能有幸在 NBC 工作感到不可思议，从第一次采访开始，我就在那里找到了富有创意的合作者，他们帮助我在电视领域追逐奇怪的黑暗主题。诺亚·奥本海姆（Noah Oppenheim）、贾妮尔·罗德里格斯（Janelle Rodriguez）、拉希达·琼斯（Rashida Jones）、莉比·莱斯特（Libby Leist）、汤姆·马扎雷利（Tom Mazzarelli）、埃琳娜·纳赫马诺夫（Elena Nachmanoff）、杰茜卡·库尔达利（Jessica Kurdali）、丹·阿诺尔（Dan Arnall）、贝齐·科罗瑙（Betsy Korona）、波莉·鲍威尔（Polly Powell）、奥德丽·格雷迪（Audrey Grady）、基娅拉·索蒂尔（Chiara Sotile），以及我在商业、技术和媒体部门及世界各地办公室的同事，谢谢你们帮助我追逐本书中的故事，尽管从表面上看，这类故事几乎没有任何适合拍摄的地方。我非常感谢希瑟·艾伦（Heather Allan），他给了我第一次报道电视新闻的机会，从第一天起就教我把科技新闻的重心放在资本主义的不平等上，而不是描绘光鲜亮丽的未来。戴维·多斯（David Doss）教我如何做这项工作。埃文·格罗尔（Evan Groll）帮助我建立了我所需要的思维和身体习惯，让我得以完成这本书。

《大众科学》（*Popular Science*）的主编马克·詹诺（Mark Jannot）给了我这份工作，让我走上了职业道路，最终他让我接替了他的职位，这是一份无价的礼物。我还要感谢我在杂志行业找到的许多朋友和同事，他们努力保护和改进长篇新闻，尽管社交媒体破坏了他们的商业模式。

我要感谢我的电视经纪人彼得·戈德伯格（Peter Goldberg）和作家经纪人伯德·莱维尔（Byrd Leavell）对我的信任和良好的建议，感谢我的编辑萨姆·拉伊姆（Sam Raim），感谢他们将支离破碎的初稿整理成了一本书。这本书如果有什么错误，那无疑都是我的责任；如果有什么优点，那就是他们的功劳。

如果没有看到自己敬仰的人做成了这件事，没人能想到这项工作会成为可能。而我很幸运我的家庭为我树立了榜样。我的父亲，作家安德鲁·沃德（Andrew Ward），开创了一个非常未来化的职业生涯，他写下了祖先经历的不公正，直到几十年后才开始流行这一写作主题，与此同时他将我和妹妹养育成人。爸爸，谢谢你。我的母亲，公共卫生学者德博拉·沃德（Deborah Ward），教我如何做她母亲所说的要做的事，并帮助我理解了这本书的一个重要主题，即好的决策往往看起来不对，即使它是正确的决定。内森·沃德（Nathan Ward）教我在新闻业找到快乐和尊严。加勒特·沃德（Garrett Ward）教我不要对自己喜欢的事情感到羞愧。杰弗里·沃德（Geoffrey Ward）教我寻找伟大的主题与合作者。

我的孩子，约瑟芬和朱尼珀，他们不知怎的原谅了我，至少看起来如此，因为在写这本书的几年里，我在晚饭后、周末和长途旅行中多次抛下他们而投入写作。写这本书最大的遗憾是它剥夺了我陪伴孩子们的时间。

谈及我的记者生涯，常常绕不开幸运一词，即机会、优待和满足，这些都来源于我的妻子朱莉。我所取得的成就都是靠着她的鼓励、爱和牺牲。我希望有一天我能像她支持我一样支持她的梦想。

注 释

第一章

1. Ghazal, Y.A., Stahnisch, F.W. (2015). Otto Poetzl (1877–1962). *Journal of Neurology*, 262(3):795–797. doi: 10.1007/s00415-015-7679-6

2. Erdelyi, M. (1984). The recovery of unconscious (inaccessible) memories: Laboratory studies of hypermnesia. *Psychology of Learning and Motivation*, Vol. 18, 95–127. doi: 10.1016/s0079-7421(08)60360-6

3. Weindling, P. (2021). *From Clinic to Concentration Camp: Reassessing Nazi Medical and Racial Research, 1933–1945*. New York and London: Routledge.

4. Frankl, V.E. (2000). *Recollections: An Autobiography*. Cambridge: Basic Books.

5. Goodale, M., Milner, D. (November 2006). One brain—two visual systems. *The Psychologist*, Vol. 19, 660–663, https://thepsychologist.bps.org.uk/volume-19/edition-11/one-brain-two-visual-systems.

6. Eagleman, D. (2009). Brain time. In M. Brockman, ed., *What's Next? Dispatches on the Future of Science*. New York: Vintage Books.

7. de Gelder, B., Vroomen, J., Pourtois, G., Weiskrantz, L. (1999). Non-conscious recognition of affect in the absence of striate cortex. *Neuroreport*, Dec 16; 10(18):3759–3763. doi: 10.1097/00001756-199912160-00007. PMID: 10716205.

第二章

1. Fischhoff, B. (1975). Hindsight ≠ foresight: The effect of outcome knowledge on judgment under uncertainty. *Journal of Experimental Psychology: Human Perception and Performance*, Vol. 1, 288–299.

2. James, W. (2001). *Talks to Teachers on Psychology and to Students on Some of Life's Ideals*. New York: Dover Publications.

3. Slovic, P., Peters, E. (2006). Risk perception and affect. *Current Directions in Psychological Science*, 15(6):322–325. doi: 10.1111/j.1467-8721.2006.00461.x

第三章

1. Kahneman, D. (2003). A perspective on judgment and choice: Mapping bounded rationality. *American Psychologist*, 58(9):697–720. doi: 10.1037/0003-066X.58.9.697

2. Ambady, N. (2010). The perils of pondering: Intuition and thin slice judgments. *Psychological Inquiry*, 21(4):271–278. doi:

10.1080/104 7840X.2010.524882

3. Todorov, A., Mandisodza, A.N., Goren, A., Hall, C.C. (2005). Inferences of competence from faces predict election outcomes. *Science*, Jun 10; 308(5728):1623–1626. doi: 10.1126/science.1110589. PMID: 15947187.

第四章

1. Terrizzi, J.A., Jr., Shook, N.J., McDaniel, M.A. (2013). The behavioral immune system and social conservatism: A meta-analysis. *Evolution and Human Behavior*, 34(2):99–108, https://linkinghub. elsevier .com/retrieve/pii/S109051381200116X

2. Young, J.L., Hegarty, P. (2019). Reasonable men: Sexual harassment and norms of conduct in social psychology. *Feminism & Psychology*, 29(4):453–474. doi: 10.1177/0959353519855746

3. Gómez, Á., López-Rodríguez, L., Sheikh, H., et al. (2017). The devoted actor's will to fight and the spiritual dimension of human conflict. *Nature Human Behavior*, 1:673–679. doi: 10.1038/s41562-017-0193-3

4. Hamid, N., Pretus, C., Atran, S., Crockett, M.J., et al. (2019). Neuroimaging 'will to fight' for sacred values: An empirical case study with supporters of an Al Qaeda associate. *Royal Society Open Science*, Jun 12; 6(6):181585. doi: 10.1098/rsos.181585

第五章

1. Mezulis, A.H., Abramson, L.Y., Hyde, J.S., Hankin, B.L. (2004). Is there a universal positivity bias in attributions? A meta-analytic review of individual, developmental, and cultural differences in the self-serving attributional bias. *Psychological Bulletin*, 130(5):711–747.

2. Waldenström, U., Schytt, E. (2009). A longitudinal study of women's memory of labour pain—from 2 months to 5 years after the birth. *BJOG*, Mar; 116(4):577–583. doi: 10.1111/j.1471-0528.2008.02020.x. Epub 2008 Dec 9. PMID: 19076128.

3. Gainsbury, S.M., Russell, A.M.T., King, D.L., Delfabbro, P., Hing, N. (2016). Migration from social casino games to gambling: Motivations and characteristics of gamers who gamble. *Computers in Human Behavior*, 63:59–67. doi: 10.1016/j.chb.2016.05.021

4. The 192nd Central Court of the Commonwealth of Massachusetts. Session Laws, Acts (2011), Chapter 194. "An Act Establishing Expanded Gaming in the Commonwealth." https://malegislature.gov /Laws/Session Laws/Acts/2011/Chapter194

5. Carden, L., Wood, W. (2018). Habit formation and change. *Current Opinion in Behavioral Sciences*, 20:117–122. doi: 10.1016/j.cobeha .2017.12.009

第六章

1. Erickson, P., et al. (2015). *How Reason Almost Lost Its Mind: The Strange Career of Cold War Rationality*. Chicago: University of

Chicago Press.

2. Waytz, A., Morewedge, C.K., Epley, N., Monteleone, G., Gao, J.H., Cacioppo, J.T. (2010). Making sense by making sentient: Effectance motivation increases anthropomorphism. *Journal of Personality and Social Psychology*, 99(3):410–435. doi: 10.1037/a0020240

3. Risen, J.L. (2016). Believing what we do not believe: Acquiescence to superstitious beliefs and other powerful intuitions. *Psychological Review*, 123(2):182–207. doi: 10.1037/rev0000017

4. Weizenbaum, J. (1976). *Computer Power and Human Reason: From Judgment to Calculation*. San Francisco: W. H. Freeman and Company.

5. Colby, K.M., Watt, J.B., Gilbert, J.P. (1966). A computer method of psychotherapy: Preliminary communication. *Journal of Nervous and Mental Disease*, 142(2):148–152.

6. Sagan, C. (January 1975). Cosmic calendar. *Natural History*, 84(10):70–73.

7. ben-Aaron, D. (1985, April 9). Interview: Weizenbaum examines computers and society. *The Tech*, http://tech.mit.edu/V105/N16/weisen .16n.html/

8. http://dig.abclocal.go.com/wls/documents/2018/041018-wls-iteam-united-complaint-doc.pdf

9. "The priority of all other confirmed passengers may be

determined based on a passenger's fare class, itinerary, status of frequent flyer program membership, whether the passenger purchased the ticket under select UA corporate travel agreements, and the time in which the passenger presents him/herself for check-in without advanced seat assignment."（所有其他乘客的优先权根据乘客的票价等级、行程、常旅客计划会员身份、乘客是否根据美联航优选旅行协议购买机票，以及无固定座位乘客办理登机手续的时间来确定。）www.united.com/ual/en/us/fly/contract-of-carriage.html

第七章

1. http://raysolomonoff.com/dartmouth/notebook/dart56ipl_0117.pdf

2. Rudin, C., Radin, J. (2019). Why are we using black box models in AI when we don't need to? A lesson from an explainable AI competition. *Harvard Data Science Review*, 1(2). doi: 10.1162/99608f92.5a8a3a3d

3. Fulton, R., Holsinger, B., eds. (2007). *History in the Comic Mode: Medieval Communities and the Matter of Person*. New York: Columbia University Press.

4. As summarized by Whittaker, Sir Edmund (1989). *A History of the Theories of Aether and Electricity: Vol. I: The Classical Theories; Vol. II: The Modern Theories, 1900–1926*. Mineola, NY: Dover Publications.

5. O'Hara, J.G., Pricha, W. (1987). *Hertz and the Maxwellians: A Study and Documentation of the Discovery of Electromagnetic Wave Radiation, 1873–1894*. London: P. Peregrinus Limited.

6. Fölsing, A. (1997). *Albert Einstein: A Biography*. New York: Viking.

7. Kronovet, D. (2017, March 28). Objective functions in machine learning. *Abacus* (blog), http://kronosapiens.github.io/blog/2017/03/28 / objective-functions-in-machine-learning.html

8. Patty, J.W., Penn, E.M. (2014). *Social Choice and Legitimacy: The Possibilities of Impossibility*. New York: Cambridge University Press. doi: 10.1017/CBO9781139030885

9. Nou, J. (2015). Review of social choice and legitimacy. *The New Rambler*, https://newramblerreview.com/images/files/Jennifer_Nou -Review_Patty-and-Penn.pdf

第九章

1. Mangel, M., Samaniego, F.J. (1984). Abraham Wald's work on aircraft survivability. *Journal of the American Statistical Association*, 79(386):259–267. doi: 10.1080/01621459.1984.10478038

2. Tenbarge, K. (2021, May 16). Sorry Bella Poarch, this IS "Build a B*tch." *The Kids Aren't Alright* (newsletter on Substack), https://kidsarentalright.substack.com/p/sorry-bella-poarch-this-is-build

3. Kelly, S.D. (2019, February 21). A philosopher argues that an AI

can't be an artist. *MIT Technology Review.*

4. Brundage, M. [@Miles_Brundage], (2020, December 28). "It's hard to say which classes or specific use cases will spread the most. But it seems safe to say that the era of almost-exclusively-human-generated and almost-never-individually-customized media will not last much longer, absent consumer/policy demand for it continuing. /Fin," (很难说哪种类别或特定用例将传播最广。但可以肯定的是，几乎完全依靠人力制作、从未个性化定制的媒体时代即将结束，消费者 / 政策对这类媒体的需求不会持续下去。结束。)[Tweet] Twitter. https://twitter.com/Miles_Brundage/status/134375086104700 9288?s=20

5. Buolamwini, J., Gebru, T. (2018). Gender shades: Intersectional accuracy disparities in commercial gender classification. *Proceedings of the 1st Conference on Fairness, Accountability and Transparency*, PMLR 81:77–91.

6. Perdomo, J.C., Zrnic, T., Mendler-Dünner, C., Hardt, M. (February 2020). Performative prediction. *ArXiv*, https://arxiv.org/abs/2002 .06673

7. Bauserman, R. (2012). A meta-analysis of parental satisfaction, adjustment, and conflict in joint custody and sole custody following divorce. *Journal of Divorce Remarriage*, 53:464–488. doi: 10.1080/10502556.2012.682901

8. Baude, A., Pearson, J., Drapeau, S. (2016). Child adjustment in joint physical custody versus sole custody: A meta-analytic review.

Journal of Divorce Remarriage, 57(5):338–360. doi: 10.1080/10502556.2016.1185203

9. Hirsch, J. (2019, September 2). Your boss is going to start using AI to monitor you—and labor laws aren't ready. *Fast Company*, www.fastcompany.com/90397285/worker-protection-laws-arent-ready-for-the-boom-in-corporate-surveillance-of-employees

10. Franaszek, K. (2021). Tens of thousands of news articles are labeled as unsafe for advertisers. *Adalytics*, adalytics.io/blog/tens-of-thousands-of-news-articles-are-labeled-as-unsafe-for-advertisers

第十章

1. Eterno, J.A., Verma, A., Silverman, E.B. (2014). Police manipulations of crime reporting: Insiders'revelations. *Justice Quarterly*, 33(5), 811–835. doi: 10.1080/07418825.2014.980838

2. Nagin, D.S. (2013). Deterrence in the 21st century: A review of the evidence. In M. Tonry, ed., *Crime and Justice: An Annual Review of Research*. Chicago: University of Chicago Press.

3. Friedman, B. (2018, June 22). The worrisome future of policing technology. *New York Times*, www.nytimes.com/2018/06/22/opinion / the-worrisome-future-of-policing-technology.html

4. Lum, K., Isaac, W. (2016). To predict and serve? *Significance*, 13:14–19. doi: 10.1111/j.1740-9713.2016.00960.x

5. Papachristos, A.V., Wildeman, C., Roberto, E. (2015).

Tragic, but not random: The social contagion of nonfatal gunshot injuries. *Social Science & Medicine*, Jan; 125:139–150. doi: 10.1016/j.socscimed.2014 .01.056

6. Zhao, L., Papachristos, A.V. (2020). Network position and police who shoot. *The Annals of the American Academy of Political and Social Science*, 687(1):89–112. doi: 10.1177/0002716219901171

7. Rickert, C. (2018, June 11). City insurance costs rise with police shooting payouts. *Wisconsin State Journal*, https://madison.com/wsj/news /local/crime/city-insurance-costs-rise-with-police-shooting-payouts /article_322439f5-32ff-5aaf-a44a-00f47f12931a.html

第十一章

1. Cuéllar, M.-F. (2016, October 1). Cyberdelegation and the Ad ministrative State. Stanford Public Law Working Paper No. 2754385.

2. California Penal Code Chapter 4. Plea. Section 1016–1027.

3. Gilman, M. (2020, September 15). Poverty Lawgorithms: A Poverty Lawyer's Guide to Fighting Automated Decision-Making Harms on Low-Income Communities. Data & Society Research Institute, https://datasociety.net/library/poverty-lawgorithm

4. Arnold, D., Dobbie, W., Yang, C.S. (May 2017). Racial bias in bail decisions. NBER Working Paper No. 23421, Cambridge: National Bureau of Economic Research, www.nber.org/system/files/working _ papers/w23421/w23421.pdf

5. DeMichele, M., Baumgartner, P., Wenger, M., Barrick, K., Comfort, M. (2020). Public safety assessment: Predictive utility and differential prediction by race in Kentucky. *Criminology & Public Policy*, 19:409–431. doi: 10.1111/1745-9133.12481

6. Pretrial Justice Institute, Updated Position on Pretrial Risk Assessment Tools (2020, February 7), www.pretrial.org/wp-content/uploads /Risk-Statement-PJI-2020.pdf

7. https://twitter.com/CA_EDD/status/1345766205257224192 ?s=20

8. Greenberg, D. (1983). Donald Black's sociology of law: A critique. *Law & Society Review*, 17:337. doi: 10.2307/3053351

9. United States Sentencing Commission. (2017). Demographic Differences in Sentencing: An Update to the 2012 Booker Report, www.ussc.gov/sites/default/files/pdf/research-and-publications/research-publications/2017/20171114_Demographics.pdf

第十二章

1. Verisk. (2020). Wildfire risk analysis, www.verisk.com/insurance /campaigns/location-fireline-state-risk-report

2. Hirschman, A.O. (2007). How the exit option works. *Exit, Voice, and Loyalty: Responses to Decline in Firms, Organizations, and States*. Cambridge: Harvard University Press.

3. United States v. Carroll Towing Co., 159 F.2d 169 (2d Cir. 1947).

4. Grossman, P.Z., Cearley, R.W., Cole, D.H. (March 2006).

Uncertainty, insurance and the Learned Hand formula. *Law, Probability and Risk*, 5(1):1–18. doi: 10.1093/lpr/mgl012

5. http://cdn.arstechnica.net/wp-content/uploads/2015/10/gameofwar.pdf

6. www.facebook.com/games/query/top-grossing/

7. DoubleDown Interactive Co., Ltd. (2020). 2019 F-1, p. 85, www.sec.gov/Archives/edgar/data/1799567/000119312520158606/d753829df1.htm

8. Carroll-Nellenback, J., Frank, A., Wright, J., Scharf, C. (2019). The Fermi Paradox and the Aurora Effect: Exo-civilization settlement, expansion, and steady states. *The Astronomical Journal,* 158(3):117. doi: 10.3847/1538-3881/ab31a3

9. Scharf, C.A. (2014, March 20). The unstoppable extinction and Fermi's paradox. *Scientific American*, https://blogs.scientificamerican.com/life-unbounded/the-unstoppable-extinction-and-fermie28099s-paradox